カンボジアに村をつくった日本人

世界から注目される自然環境再生プロジェクト

森本喜久男
morimoto kikuo

白水社

カンボジアに村をつくった日本人

世界から注目される自然環境再生プロジェクト

装幀	山田英春
写真	松尾岳史（p.101） 内藤順司（p.137, 199, 201, 205, 214, 245, 267, 288, 291） 寺嶋修二（p.251）　西川潤（p.162, 253, 270） 増間茂文（p.260, 265）　中倉智徳（p.280） 上記以外は著者提供
地図作成	閏月社
協力	西川潤

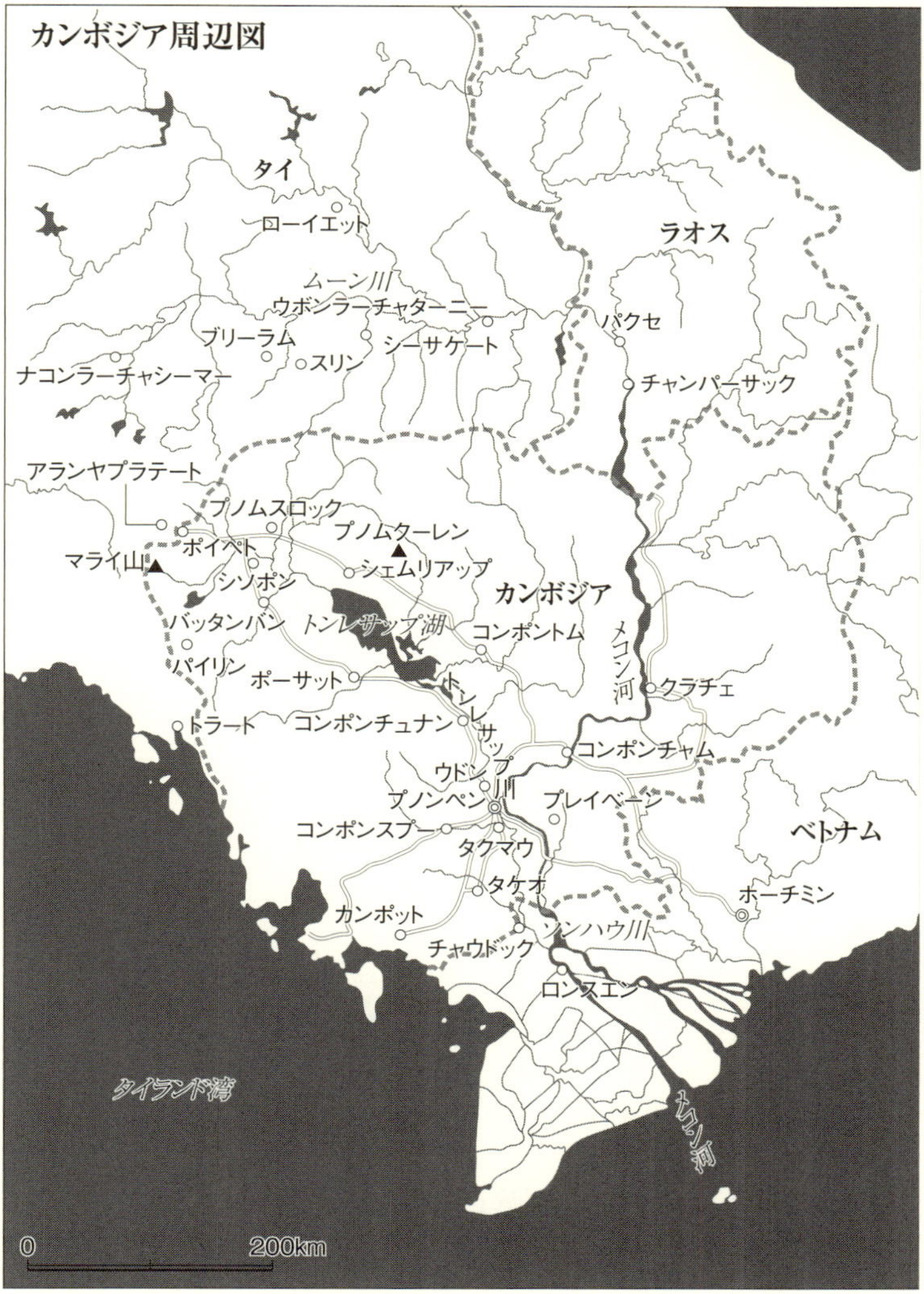
カンボジア周辺図
タイ
ローイエット
ムーン川
ウボンラーチャターニー
ブリーラム
スリン
シーサケート
ナコンラーチャシーマー
ラオス
パクセ
チャンパーサック
アランヤプラテート
プノムスロック
プノムクーレン
ポイペト
マライ山
シソポン
シェムリアップ
カンボジア
バッタンバン
トンレサップ湖
コンポントム
メコン河
パイリン
ポーサット
クラチェ
トンレサップ川
トラート
コンポンチュナン
コンポンチャム
ウドン
プノンペン
プレイベーン
コンポンスプー
ベトナム
タクマウ
タケオ
ホーチミン
カンポット
バサック川
チャウドック
ロンスエン
タイランド湾
メコン河
0
200km

目次

はじめに

シェムリアップの町から北へ車で約一時間。シェムリアップ州アンコールトム郡ピアックスナエンに「伝統の森」はある。二〇一四年十二月現在、約二三ヘクタール（約七万坪）。ここは、わたしたちＩＫＴＴ（クメール伝統織物研究所）の「伝統の森」再生プロジェクトの活動拠点であり、カンボジアの伝統織物を制作する工房であり、わたし森本喜久男をはじめ、約一五〇人が暮らす村でもある。

最近、「カンボジアに村をつくってしまった日本人」と紹介されることが多くなった。以前は「カンボジア伝統織物の復興に携わる友禅職人」というような紹介が多かったのだが、「伝統の森」の存在が多くの人たちに認知されるにしたがって、わたしの〝肩書き〟に変化が起きている。ＩＫＴＴは、カンボジアの伝統織物の復興・再生を担うＮＧＯとして発足したが、現在ではその枠に収まりきらなくなっているのも事実である。

「伝統の森」を訪れて、もともとここにあった「村」をわたしが買い取ったのだろうと勘違いされている方もいるようだ。が、はじめに五ヘクタールの土地を取得したとき（二〇〇二年七月）、ここは灌木の茂みがあるだけの荒れ地だった。その一部を開墾し、野菜畑や桑畑を作り始めた。並行して、森の再生を促すことも始めた。生活インフラも、少しずつ整備してきた。まずは井戸を掘り、飲み水を確保。

すべてはそこから始まった。

カンポットの村からやってきた若者たちは、掘っ立て小屋のような家で仕事に励んでくれた。養蚕も始めた。やがて、人も増え、次第に家々も体裁が整い、ようやく村と呼べるまでになった。開墾や農作業だけでなく、それまでシェムリアップの工房で行なっていた染め織りの作業も、少しずつ「伝統の森」に移転させていった。子どもたちのための寺子屋も始めた。ジェネレーターを動かすことで、夜の団欒の時間帯は電気が使えるようにもした。今では、「伝統の森」を訪れた方たちが宿泊可能なゲストハウスもある。それもこれも少しずつ、十年をかけて、森を育て、村をつくってきたのである。

ゲストハウスは、いくつかの高床式の木造家屋と、その周辺に家々が集まる、わたしが「工芸村」と呼ぶエリアにある。工芸村では、蚕の繭から生糸を引く作業に始まり、絣布を織り上げるまでの作業が、それぞれ行なわれている。蚕はインドシナ原産のもの、その繭を手引きし、自然染料での染めと括りを繰り返し、一枚ずつ織り上げていく。そのすべてが手作業である。

「伝統の森」に暮らしているのは、みなＩＫＴＴのスタッフである（ＩＫＴＴのスタッフが全員、この「伝統の森」に暮らしているわけではない。周囲の村から通ってくる者もいる）。ある者は、桑畑の管理と桑の葉を摘むのが仕事、ある者は養蚕を担当、またある者はバナナの幹を薄く剝ぎ、細く裂いて括りのための紐を作っている。ある者は染め材となる木片や木の葉を煮出して染め液を作り、糸や布を染めている。染め上がった糸で絣布を織り上げる者もいる。こうした多くの人の手といくつもの工程を経て、カンボジア伝統の織物はできあがる。

これらの作業の多くは、女たちの仕事である。では、男たちは何をしているのか。――おもに畑仕事や大工仕事である。「伝統の森」では、たいていのモノは自分たちで作ってしまう。女たちが使う織り機はもちろんのこと、各々の住居も、「伝統の森」の一角にある小学校も、彼らが建ててしまった。「伝統の森」では、ここに暮らす者たちが力を合わせ、村をつくり、森を育て、暮らしをつくり上げてきた。

そんな荒れ地が村として体を成すようになるまでの過程や、なぜわたしが「伝統の森」再生プロジェクトに着手したのか、そもそもわたしがなぜＩＫＴＴを設立し、カンボジアの伝統織物の復興を手掛けるようになったのかについては、本書のなかで順を追って説明していきたい。

ところで、ＩＫＴＴはカンボジアのＮＧＯである。「伝統の森」のほかに、シェムリアップの町にも、ショップ兼ギャラリーと工房の一部、そして管理部門のオフィスがある。これらで働く総勢三〇〇名近いスタッフの給料はどうなっているのか、と不思議に思う方もいるだろう。日本に母体となる財団があるわけでも、ファンドレイズを担当する本部があるわけでも、大口のドナーを擁するわけでもない。

ＩＫＴＴの運営は、じつは自分たちで織り上げた布の売り上げに拠っている。それゆえ、資金繰りにはいつも苦労している。しかし、それでもなんとかここまでやってきた。本書では、そんなところも紹介することになろう。

＊＊＊

ここで、本書のおおまかな構成を説明しておく。

第一章から第三章までは、わたしがカンボジアでＩＫＴＴを設立するまでの日々を描いている。第一章は、京都の友禅工房をたたんでタイに渡り、東北タイの村の織り手たちとの試行錯誤の日々を、第二章はユネスコのコンサルタントとしてカンボジア各地の村を訪ね歩いたフィールドワークを中心に、第三章ではカンポット州のタコー村で取り組み始めた伝統的養蚕の再開プロジェクトの立ち上げまでをまとめた。

第四章から第六章では、ＩＫＴＴを設立してから現在に至る過程を描いている。第四章は、ＩＫＴＴの活動の第一期ともいえるプノンペン時代（一九九六年から一九九九年まで）を、第五章は、シェムリアップにＩＫＴＴを移転し、工房を開設したシェムリアップ時代（二〇〇〇年以降）を、第六章は二〇〇二年にピアックスナエンに土地を取得し「伝統の森」再生計画が動き出したところまでをまとめた。

第七章では、さまざまな問題を克服しつつ現在に至った「伝統の森」再生プロジェクトの進展と、最近の「伝統の森」の様子を紹介する。第八章は、「伝統の森」で開催されるようになった「蚕まつり」と、クメール語の小冊子『森の知恵』の発刊への経緯を紹介する。第九章では、現在まさに進行中の、いくつかの取り組みとその背景について触れている。

本書の執筆を始めてから、「３１１」が起きた。

日本から遠く離れたカンボジアにいても、断片的かもしれないがさまざまな声が届けられた。そして、「伝統の森」を訪れた日本の人たちからも。

そうしたなか、わたしがいちばん気になっているのは、日本の若い人たちのことである。ＩＫＴＴの活動をまとめるよりも、今起きていること、これから起きるであろうことへ若い人たちが立ち向かうことへのエールを発信するほうがいいのではないかと、パソコンのキーを叩くのを止めたこともある。そんな気持ちを行間からくみ取っていただければ幸いである。

1 友禅職人、タイへ

JVC 時代、アランヤプラテートでの井戸掘り作業に汗を流す

目からウロコ

一九八〇年三月、わたしは古くからの友人である松本曜一と、タイへと旅立った。三十一歳、はじめての海外旅行。当時のわたしは、京都でキモノに絵を描く、手描き友禅の仕事をしていた。松本は、滋賀県で無認可の、障害者との「あらくさ共同作業所」を運営。縁あって知り合い、わたしは作業所に暮らす自閉症の子どもたちと手染めの布を作る作業を手伝ったりしていた。

夕刻のバンコク、ドーンムアン空港から向かった先は、タイ最大のスラムとされるクローントゥーイ。ここで「一日一バーツ学校」と呼ばれる小学校や幼稚園を運営するプラティープ・ウンソンタムさんを訪ねた。プラティープさんは七八年に、アジアのノーベル平和賞ともいわれる「ラモン・マグサイサイ賞（社会福祉部門）」を受賞。それを受けて七九年、日本の宗教者平和会議が彼女を日本に招いた。その日本滞在中の過密なスケジュールのなかでの息抜きにと、京都での彼女の受け入れを担当した松本が、わたしの工房見学をアレンジしたのが、そもそものきっかけである。そのときわたしは、プラティープさんの暮らすスラムの存在をはじめて知った。

クローントゥーイでの滞在は、わずか十日間ほど。しかし、プラティープさんの日々の活動を垣間見ることができ、あわせて彼女の意志の強さとやさしさを間近に感じることもできた。また、彼女の仕事を手伝う何人かの学生や、スラムのなかのコミュニティリーダーを務めるおじさん、そして幼稚園の園長さんを務めるプラティープさんの姉のプラコーンさんや、近所のおばさんや子どもたちとも親しくさせてもらった。

「ここは電気がきてないので、表の通りから闇夜にまぎれて電線を引くんだ。見つかると撤収。そして、また引き直す。そんなことの繰り返し」と笑いながら話す、おじさん。

何かの話のなかで、幼稚園の先生がわたしに「だったらモリモトさん、タイに住めば」と言った。そのとき「自分の仕事は伝統のキモノの染めなので、京都でしかできないのです」と答えたわたしに、彼女は「その仕事を、タイでやればいいじゃない」とあっさり言ってのけた。その一言は、わたしにとっては目からウロコだった。突然、視界が開けた、とでもいうのだろうか。

このクローントゥーイでの体験が、三年後にわたしをタイへと向かわせた原点なのだと思う。

クローントゥーイ滞在中に、バンコクの国立博物館を訪ねた。そして、一枚の絣布に出会う。鮮やかな赤を基調とし、少し大きめの唐草風の模様が、菱形の縁に囲まれて全面に繰り返された布。とても力強い大胆さをもちながらも、精緻な仕事がなされていることが見て取れる。その布の持つ不思議な質感とエネルギーのようなものに魅了され、しばらくの間、見入っていたことを覚えている。

織物学校のボランティア

わたしがタイを訪ねた前年の七九年一月、ベトナム軍がカンボジアに侵攻し、首都プノンペンを制圧した。多くの人びとが、カンボジア - タイ国境に押し寄せ、「難民」となった。そのニュースは世界を駆け抜け、たくさんの援助機関が現地で活動を起こしていた。京都の友人からは、タイに行くのであれば難民の人たちへの支援物資を届けてほしいと、寄付金と衣類などを預かり、その国際救援団体の事務所を探し当て、無事届けることもできた。

バンコクから戻ったわたしは、京都の「カンボジア難民救援会」の存在を知る。街頭募金などを手伝うなどするうちに仲間も増え、新たに「海外ボランティアをむすぶ会」を始めた。そうした活動を通じて知り合った仲間たちと、八二年五月には京都大学西部講堂とその前の広場で「アジアの風――今、風はアジアから」と題したイベントを開催するまでになる。

当時のタイ国境沿いには、ラオスとカンボジアからの難民受け入れのための収容施設がいくつも作られていた。そのひとつ、メコン河に近い街ウボンラーチャターニーには、UNHCR（国連難民高等弁務官事務所）とタイ国軍の管理下におかれた、ラオスからの難民一万人以上を収容するウボン難民キャンプがあった。そこで、難民の女性たちを対象にした織物学校が、京都の裏千家の資金支援を得てJVC（日本奉仕センター、現在の日本国際ボランティアセンター）によって運営されていた。難民キャンプという限定された環境のなかで、ラオスの女性たちが伝統的に織り続けていた技術を若い世代に継承し、民族の誇りを持ち続け、なおかついくばくかの収入になれば、というものであった。そのプロジェクトで、スタッフを探しているという話が、わたしのところに届いた。

手描き友禅の工房を開いて十年、何人かの弟子も抱え、親方をしていた。十代に油絵描きを目指しながらも挫折。そして手描き友禅の伝統の染色の世界へ。しかし、自分の将来への不安や疑問、そしてますます広がるアジアへの関心。ちょうど、そんなときであった。だが、海外へ行くことは、今ほど簡単なことではない。工房をたたみ、弟子たちの身の振り方を考えるなど、仕事の整理に時間がかかり、わたしがタイに向かったのは、予定よりも半年遅れの八三年一月になっていた。

ところがタイ政府の方針でウボン難民キャンプは閉鎖となり、織物学校の活動も八二年十二月に終了。ウボンにいた難民たちは、三〇〇キロほど北のナコーンパノム県のバーンナーポー難民センターに移転させられていた。そこでの難民支援団体の活動は、タイ内務省の方針により制限され、学校再開の目途は立っていなかった。到着早々、わたしはタイでの最初の目的を失った。

たまたま、ＪＶＣバンコク事務所の会計担当者が急に帰国することになり、会計の手伝いをすることになった。一応は自営業者だったから、簡単な帳面仕事は苦にならない。その後、難民となった人たちが作る手工芸品も担当。そのときの手工芸品というのは、難民キャンプに暮らす人たちが制作した手作りの小物や織物——たとえば、山岳民族の女性たちが作る刺繡やアップリケを施したバッグやテーブルセンター、あるいはラオの人たちが織る伝統的な紋織りの布など——のことで、キャンプで暮らす人たちの収入の足しになるようにと、各地のキャンプで働くボランティアが買いつけていた。それらを取りまとめ、バンコクのインターナショナルスクールのバザーに出店したり、事務所を訪れた人に買っていただいたり、日本へ送ってバザーでの販売を委託するなどしていた。それは、今でいうフェアトレードの走りかもしれない。

そうした仕事の合間に難民キャンプを訪ねる機会があると、わたし自身の興味から、その周辺の村で織られている伝統的な布を扱う店を訪ねるようになっていた。また、タイ人スタッフにその近くに織物をやっている村がないかとたずねては、出かけてもいた。

難民救援ボランティアとしてタイにきて、難民の人たちにとどまらず、それを受け入れているタイの社会や、農村に暮らす人びとに、その関心を広げることは不自然なことではない。バンコクのスラムで暮らす人たちへの支援に関心を持ち、その分野で先進的な活動を続けるタイのＮＧＯに通って情報を集める者や、ラームカムヘーン大学の農村開発グループと交流する者もいた。わたしの場合、その接点となったのが、伝統の手織物の布であり、その織り手となる村の女性たちだった。

国連の管理下にある難民キャンプには、最低限の食料や水などの支援物資が届けられていた。しかし、そのキャンプの周辺の村には、飲み水や食料にもこと欠く村があった。そんな村びとの助けになるプロジェクトはできないものか、そんなことを考え始めていた。

この地域特有の、日本ではカンボウジュ種と呼ばれる熱帯種の蚕が作る黄色い繭と、それから引かれた黄色い生糸に出会ったのもそのころ、ブリーラム県のとある村でのことだった。蚕の繭は白いものだと思い込んでいたわたしにとって、その小さな黄色い繭が不思議かつ驚きであり、その繭から引かれた生糸は輝いて見えた。それは、軽いカルチャーショックをわたしに与えたといえる。

手織物による村おこし

伝統の手織物を、貧しい村の暮らしに役立てないかと考え始めていた。しかし、当時のＪＶＣは、難民救援のための団体であり、農村開発や農村支援は活動の範疇ではなかった。難民支援以外で唯一行なわれていたのは、スラムに暮らす人びとの生活支援であった。

ちょうどそのころ、国際ロータリークラブの大会がバンコクで開かれ、旧知の関西地域の代表の方とお目にかかる機会があった。久しぶりにお会いしたその方に、「京都で手描き友禅、染織の仕事をしてきて、その経験もあるのだから、それを活かさないのはもったいない」と言われた。その一言が、わたしの職人心を刺激した。

そんなとき、チュラーロンコーン大学で農村社会学などを担当するスリチャイ・ワンゲーオ先生から、

ATA（タイ適正技術協会）というNGOを紹介された。そのATAのスタッフに、手織物を通じた村びとたちの収入向上プロジェクトの実施可能性を共同で調査することを提案したのは、八三年十一月のこと。当時、タイのNGOで手織物プロジェクトの経験を持つところはまだなかった。

村の女性たちを中心にした農村開発に関心を持っていたATAのブーン・サップは、東北タイのシーサケート県ラシリサライ郡のプロジェクトの現場に、わたしを案内した。このプロジェクトは、ラシリサライ郡病院のスタッフと地域の先生たちが、村の婦人を対象にした公衆衛生などの生活改善を目的としたもので、そのなかには織物による収入向上プログラムが含まれていた。

訪ねた村の高床式の家の階下には、フレーム式のラオ系の伝統的な織り機に並んで、ユニセフから支給されたフライングシャトル式の織り機が置かれていた。伝統的な織り機と比べると、ひと回り大きくガッシリとしている。タイの村の女性の小柄な身体のサイズと比べると、少し大きすぎるように思えた。案の定、その家の織り手は、重たくてちょっとなじめないと嘆いていた。たしかにその機械を使えば、これまでの数倍の速さで布が織れるのかもしれない。しかし、布を織る村びとの身体のサイズを考慮しないで、外国で使われているその織り機を、そのまま導入することには無理があるように思えた。

また、コーンケンで開かれたシルクフェスティバルに合わせて、その周辺の村を訪ねたときのこと。織物の盛んな村があると聞き、訪ねてわたしは驚いた。その村では、子どもから、年配の女性、そして男たちまで、まさに村ぐるみで手織りの絣布を生産していた。そこは、タイ政府が進める農村開発振興のためのモデル村であった。だが、わたしが驚いたのは、政府のモデル事業村であったことではなく、その村で使われている糸が、村びとが「トーレ」と呼ぶ、工場で生産されたレーヨン系の糸だったことである。せっかく時間をかけて絣の布を手織りしているのに、化繊の糸の風合いでは、村の伝統であった手仕事の価値は半減しているように思えた。

工場の機械織りと同じものを村で、手で作る必要はない。それでは、やがて価格競争に敗れ駆逐される。素材を考慮し、機械織りではない、手仕事でしかできないものを生産していくことに村を活性化していく途《みち》があるのだと、わたしは理解した。こうした見聞の積み重ねは、しだいにプロジェクトへの確信へと変わっていった。

村びとたちとの仕事を進めるために、八四年三月、わたしはＪＶＣを離れた。

ローイエット県ソンホン村

東北タイでの「手織物プロジェクト」の構想を胸に日本に戻ったわたしは、さまざまな人たちとの縁で、八四年七月「手織物をとおしてタイ農村の人びととつながる五〇〇人の会」というＮＧＯを設立した。会の代表には、設立に力を貸してくれた友人を立て、わたしは現地駐在員として四か月ぶりにタイへと戻った。共同調査を行なったＡＴＡのブーン・サップやジンは、わたしがＪＶＣを辞めて日本に帰ったと聞き、プロジェクトは立ち消えになったと思っていたという。ＡＴＡに対しては、発足間もない日本の団体を説明する英文での資料づくりからの再スタートである。ＪＳＴＶ（Japanese Support Group for Thai Villagers）という英語での団体名も、スリチャイ先生のアドバイスを参考に、このときはじめてつけた。

しかし、単なるドナー（資金提供者）としての関与をＪＳＴＶに求めてきたＡＴＡに対して、プロジェクトの進め方などについての議論を経て、共同プロジェクトとして進めていく契約を結ぶことができた。そして、プロジェクト候補地となる村の絞り込みを進めるためにいくつかの村を訪ね、ようやく十一月にローイエット県カセート・ウィサイ郡ソンホン村を手織物プロジェクトの実施対象村と決めた。このとき心強かったのは、ソンホン村の小学校の先生たちが協力的であったことと、織物をする女性たちの何人かが関心を持ってくれていることだった。

しかし、プロジェクトに懐疑的な村の男たちの理解を取りつけなければ、女性たちも動けない。何度かの話し合いを続けるなかで、村の入り口にある大きな池で養魚ができないかという話が村の青年たちから出された。わたしはＪＳＴＶの織物活性化活動には含まれていないものの、何千匹かの稚魚を購入し村に届けた。それを受け、青年たちが動き出してくれた。

当時、村にはまだ電気もなく、村の雑貨屋では、石鹸や歯磨き、そして灯油が売られていた。その支払いも、現金ではなく収穫時の米で決済されていた。そんな村に、突然よそ者が、それも外国人がやってきてプロジェクトだといっても、すんなり始められるものではない。加えて、当時の東北タイは、ラオスやカンボジアからの難民受け入れ地であるとともに、その難民たちに紛れて入ってくる共産ゲリラや活動家への警戒体制が敷かれていた。ゲリラの浸透地域を指す「ピンクゾーン」という言葉がまだ生きていた。ＮＧＯの活動も、軍や警察の方針や、内務省から任命されてくる郡長などの意向に左右され、いくつもの調整作業を必要とした。プロジェクト候補地となる村の選定に時間がかかったのは、そんな事情があった。

だが、わたしが日本を出てから、すでに三か月が過ぎていた。日本からは、なぜプロジェクトが始まらないのか、織物のプロジェクトなのになぜ「魚」なのだ、という手紙が届いていた。当時は、携帯電話やインターネットどころか、ファクシミリもない。国際電話をかけるにも、申し込んで数時間後にやっと通話できる、そんな時代であった。すでに、現場と東京には、あきらかな温度差が生まれていた。

年が明けて八五年一月、収穫期の忙しさを終え農閑期に入り、ようやく村びとたちとプロジェクトを進めていくための本格的な話し合いの場を持つことができた。村長や区長や村の年長者に同意を取りながら、婦人グループの主だったメンバーとの話し合いを重ねた。こうして、ＡＴＡとＪＳＴＶの共同の「手織物プロジェクト」は動き始めた。

このプロジェクトでは、わたしは自然染色も手がけるつもりでいた。村びとからの聞き取りと並行して、関連する文献を調べ始めた。タイ人の友人たちの手も借りて、タイのいくつかの大学図書館にある伝統織物、あるいは染織に関する資料、植物図鑑、さらには伝統医療に関する文献などを当たっていった。染め材となる植物は、薬用（いわゆる日本でいうところの漢方薬）に使われるものも多かったので、図解入りの伝統医療の解説書が役に立った。

プロジェクトそのものに関しても、村びとたちがその意図、目的を理解してきたことは見て取れた。事前調査から協力してくれていたＡＴＡのスタッフも、当初はそんなに長く手伝えないという話だったのだが、女性の収入向上と地位を高めることにつながるこのプロジェクトに興味を持ち始め、積極的にプロジェクト運営にかかわるようになっていた。

＊＊＊

ソンホン村で「手織物プロジェクト」が動き出して、ようやく一年になろうというころ、日本のＪＳ

ＴＶ事務局のメンバーとＡＴＡとの会合が現地で行なわれた。

その席で、思いもしない発言が飛び出した。ＪＳＴＶの日本側代表が、ゆっくりと動いていく現地の姿に業を煮やして「日本側の考えが通らなければ、資金を出せない」と言い出した。わたしは絶句した。プロジェクトが村びとの主だったなかにようやく浸透し、やっとかたちになってきたときである。彼に発言の訂正を要求したが、収拾はつかなかった。

そのときＪＳＴＶの日本側代表は、わたしがいなくてもプロジェクトに関心を持つ日本の織物の専門家がいればプロジェクトは動かせると判断していた。そんな日本側の安易な思惑につきあうことに疲れたわたしは、ＪＳＴＶから身を引くことにした。――この村に、種を撒き、芽が出るところまでは見届けた。プロジェクトの立ち上げという、第一段階の目的は果たした、と。

自然の命を色にする

八六年二月の旧正月に合わせ、わたしは日本の知人たちに年賀状を送った。それはＪＳＴＶでの活動に終止符を打ち、東南アジアの豊かな自然と植物の命を色にする自然染色を試み、その製品化に取り組み始めたことと、とりあえずは自然染料で染めたシルクのハンカチやスカーフの小物を行商でもして生計を立てつつ、改めて村びととの関係を築いていきたいという、近況報告を兼ねた決意表明でもあった。

当時のわたしは、自然染色の実験ともいえる作業に没頭していた。コンロに薪をくべ、集めてきた植物の葉や木の皮を煮込み、染めていく。その繰り返しの日々だった。染め材は、家のまわりにある庭木にはじまり、道端に捨てられていたまだ染めたことのない木の枝。植木屋よろしく、他人の家の伸び放題になっていた生垣の刈り込みを申し出て、喜ばれたこともあった。そうしたなかで見つけ、今でも使い続けている染め材のひとつが、ココヤシの殻（中果皮）である。市場に行けば、ココナッツジュースを飲んだ後のゴミとして捨てられている。その殻を煮込んで放置することを繰り返して醗酵させ、石灰媒染で赤みがかった深みのある茶色が染まる。

わたしの手元に「ナチュラル・カラー・ハウス（タイ）カラーサンプル」と背書きされた一冊のファイルがある。そこには四十九種の染め材の写真と、染め布のサンプルが貼りつけてある。サンプルは、それぞれ異なる染め材で染めたシルクの布を、おはぐろ（鉄）、明礬《みようばん》（アルミ）、灰汁（アルカリ）、石灰（カルシウム）という四つの媒染で発色させた、色の変化がわかるもの。

自然染色は、じつは化学式との対話ともいえる。自然から得た色素を使う染色は、媒染によって色を糸や布に定着させる。媒染——文字どおり、染色のための触媒という意味である。多くの場合、染め液に布や糸を入れて煮る。その温度で色素は繊維に付着しやすくなり、さらに媒染液に浸けることで色素が化学的に変化しつつ固着する。化学式の亀の甲の変化を促すことによって、染め色も変化しつつ染着する。

そんな化学の実験のようなことをして過ごしていた。なかには、裏技とでもいうような特殊な染め方で、出てくる色がある。普通の染め方では色が薄く、大量の染め材を必要とするような植物でも、染め材を煮込んで一晩置いてやることで濃い色に染まるものがある。布を染めた残り液を一晩置くと、またもとの濃度に戻っている木の皮がある。二番煎じの染め液でしか出せない色もある。それはマジック、自然染色の不思議な世界といえる。

また、染め材の鮮度によっても、出てくる色は異なる。基本は、新鮮なものほど鮮やかな色に染まる。そこに、季節による変化が加わる。たとえば、バナナの葉は、雨季には毎日すくすくと育つ元気な姿のままに、鮮やかな黄色い色が染まる。ところが、乾季には元気がなく、色も少しくすんでいる。また、バナナの場合、使う葉の成長時期によっても色が変わる。バナナの幹の中心から最初に出てくる、筒のような吸芽という部分を使うときれいなレモンイエローが染まる。葉を広げ始めたときの若葉の黄色は、少し枯れかけた葉のときとも異なる。枯れた葉では黄色系ベージュという具合いに、同じバナナの葉でも色味が違う。加えて媒染の違いによって、色味はさらに変化する。

鉄媒染で深い黒色を染められるインディアン・アーモンド（モモタマナ）の葉は、明礬媒染では黄色に染まる。インディアン・アーモンドの場合は、乾季のほうが色は鮮やかで深みがある。雨季には葉の色素が雨で流されてしまったのではないかと思うほどに、色の鮮度が落ちる。自然のなかの、植物の不思議といえる。

自然染色には、旬がある。自然はいつも変化しているもの、と理解しなければならない。——この植物はこの色で、とマニュアル化できない部分を常に持っている。その変化に、対応していくこと。それが、自然の命を色にするために必要なことである。

クメールスリンの村で

八七年十一月、東北タイのスリン県プラーサート郡の村を訪ねた。村への道は、雨季になるとぬかるみ、車が通行不能になる。そんな村で活動するカソリック団体の日本人シスターから、村の女性たちの織物グループを支援してほしいという依頼を受けていた。農作業の少ない乾季の間に伝統的に織られてきた手織物による現金収入を見込んでいたが、化学染料で染めた布が色落ちするので市場に出せない。その技術的な問題をクリアするために、協力してほしいという。わたしは、色落ち問題を解決することにも協力するが、あわせて自然染料を使って染めてみないかという提案をした。

村では、四十人ほどの女性たちがわたしを待っていた。まずは、それぞれがこれまでに織った布を見せてもらう。縞柄のなかに細かい絣の柄を組み合わせたバンブーストライプと呼ばれる柄や、男たちのための格子柄のサロンもあった。染め色は、渋いものから原色に近いものまでさまざま。

その日は、色落ちするとされた化学染料を使った染め方の注意点を説明した。いちばんのポイントは、染める糸の量に見合った水の量と、染めるときの染め液の温度にある。村びとたちは小さな鍋で、薪を使って染めていた。それゆえ火力が弱く温度が低く、結果的に十分に染まっていないことが多い。加えて、染料そのものの劣化の問題もあった。また、「色落ち」ではないのだが、染色後の水洗いが不十分なために余分な染料が糸に残り、織り上がった布を洗ったときにその染料が落ちて色落ちしたように見える場合もある。ひととおりの説明を終え、村の女性たちと自然染料についての話し合いの場を持つ。参加者からは、明日にでも自然染色の講習会をやってほしいという要請が出された。この二年ほど、わたしは身近な植物を使って、堅牢度の高い色落ちしない染め方を探ってきた。それが村で活かせるのかどうかを試す、絶好の機会である。

翌朝、いくつかのグループに分かれて作業に入ってもらう。インディアン・アーモンドの葉、バナナの葉、そしてペカー（フクギ）の樹皮を刻み、それぞれを鍋で一時間ほど煮込み、布で漉して染め液を作る。そこに灰汁練りした生糸を浸ける。鍋の中の糸をかえしながら約四〇分。次は、糸を媒染液に浸ける。用意したのは、明礬、灰汁、石灰、そして鉄媒染。同じ材料で染めた糸が、媒染の違いでそれぞれ異なった色調に変化していくと、皆の関心が集まるのがわかる。染め上がった糸を前に、染めに使った植物の名を挙げて、染まる色と、媒染の役割について詳しく説明する。

鉄媒染のバナナで染めた糸をしみじみと見ていた女性は、グレーがかったベージュの色が好きだといって、次は自分で染めてみたいという。この色を経糸にしたら緯糸はどうしようと、考え始めたおばさんもいる。さすが織り手たちである。こんなに簡単に染まるのなら、これからは自然染色だけでやっていきたいというおばあちゃんも現れた。ほとんどの村びとは、自然染色はとても難しいものだと思っていたという。そして、身近にある植物で、こんなきれいな色が染まることに驚いていた。

身近な、手に入りやすい素材で染める。これは、大切なことである。サフランのように、きれいな赤が染まることはわかっていても、グラム単位で値のつく高価な染め材では、染められた布も高価なものにならざるを得ない。だが、街の街路樹の落ち葉のようにゴミとして処分されるものからきれいな色が染まれば、それは「宝の山」に変わる。

年が明けて一月、刈り取った米の脱穀も終わったころ、織物グループの女性たちは財団から一人平均一キロ半の生糸を受け取った。乾季の間に、この糸をそれぞれが自分の好きな染め材で染めて織り上げるのである。

数か月が過ぎるころには、布が少しずつ織り上がってきた。金茶、薄茶、ベージュなど、各々が選んだ染め材で染めた色である。タイ語でプラドゥと呼ぶカリン（花梨）の木の皮で染めた、優しい赤みの藤色もあった。プラドゥは、皮を剥いで短時間のうちに染めないと、この色には染まらない。時間が経つと、茶色にしか染まらなくなる。「染めるなら、三十分以内、森の木のそばで染めないといけないよ」と冗談まじりに説明したのだが、彼女はきれいに染まった糸で織り上げた布を前に「本当に森のなかで染めたんだよ」とうれしそうに笑っていた。

リーダーの女性は、タイ語でカムセットと呼ぶ、ベニノキを使って橙色に染めた布をもってきた。彼女は、わたしが何度目かに村を訪れたときに、カムセットの実を見せ、染め方をたずねてきた。わたしは、新鮮なもので染めるように、乾燥した実では鮮やかな色には染まらないと説明した。

これはしばらく後になってわかったことだが、彼女の母親は、このカムセットの実を使って染めた経験があったらしい。その母親から聞いていた染め方のポイントを、わたしが指摘したことで、彼女はわたしに合格点を出していた。——村びととのつきあいは、常に真剣勝負である。

＊＊＊

以来、この村とのつきあいは、十年以上も続いた。その間には、さまざまな出来事があった。

あるとき、織物グループの女性たちから、織り機を西洋式のフライングシャトル式のものに変えたいという要望が出た。また、新たに紋織りを始めたいという声もあった。たしかにフライングシャトル式の織り機を導入すれば、より速いスピードで織れるようになる。しかし、わたしは、数年前にシーサケート県のプロジェクトの現場で導入されたフライングシャトル式の織り機の問題点に気づいていた。だが、近代化とでもいうのだろうか、「開発」という名のもとに、現状や必然性が十分に検討されないままに、あちこちの村でフライングシャトル式の織り機が導入されつつあった。また、紋織りは、もともと東北タイのラオ系の村で織られていた伝統織物だが、そのころ政府が進めていた産業振興策の影響で、新たに紋織りを始める村が増えていた。クメール系のこの村で、あえて紋織りを始めることには、わたしは賛成しなかった。安易に産業振興のステロタイプに合わせるよりも、村のなかに残る伝統を生かすことを考えたかった。

そんなとき、村に婦人のための職業訓練センターを作るという話が持ち上がった。シスターの所属する財団からの一部助成も決まり、センターの建設が始まった。村の女性たちの声に押し切られ、フライングシャトル式の織り機もセンターに導入することになった。

センターが完成し、日本人のシスターを先生に迎えた洋裁コースは順調に開催されていた。だが、織物に関してはいくつかの問題点が見えてきた。まず、誰ひとり思いもしなかったことだが、布を織るためにセンターまで行くことが負担になっていた。自分の家の高床式の階下に織り機があれば、手の空いたときに家の者が交代で織ることもできたが、センターまで出ていくとなると、家事の片手間では織れない。これまでの織り機よりも速く織れるようになると聞いた村の女性たちの要請で導入したのだが、早くも新しい織り機への興味は失せつつあった。フライングシャトル式の織り機は、平織りの布を織り続けるのなら、たしかに速い。だが、絣のような高度な技術を用いて織る布や、格子柄を織るには向いていなかった。

自然染色の講習会から始まり、織物センターやフライングシャトルの織り機を導入したことで見えてきた村の女性たちの生活と、そこで織られる布の世界。伝統的に暮らしてきた生活のリズムと、開発や近代化もしくは効率的とされることとの調和や共存、そんなことをこのクメールスリンの村とのつきあいのなかで考えさせられた。——いくつかの異なる要素を、無理のないかたちでどうやって融合させていけばいいのか。いくつもの失敗も含めたこのときの経験は、その後のカンボジアでのプロジェクトにも活かされているように思う。

そして、今も基本は変わらないのだが、貧しさのなかで暮らす人びとに仕事を提供するという立場。そのことで、皆が食べていける。それは「内職おじさん」とでもいうような、わたしの立ち位置かもしれない。

伝統とのコラボレーション

メコン河に接した東北タイ、イサーンとも呼ばれる地域。そこで暮らす人の多くは、ラオ系の人たち。だが、カンボジアに隣接した地域——おもにブリーラム、スリン、シーサケート県など——には、古くからクメール系の人たちが暮らす。タイのなかでも、昔から在来種の蚕を飼う養蚕の伝統は、この地域に伝えられてきた。シルクは白いものだと思っていたわたしに、蚕が吐く美しい黄色い生糸があることを教えてくれたのもこの地域の、クメール系の村びとたちだった。

村で伝統的に営まれてきた、小規模な養蚕。繭からの糸引きも、日本で「座繰り」と呼ばれる方法で糸が手で引かれていく。この蚕の吐く糸、つまり繭玉となった糸の太さは、始めから終わりまで均一ではない。繭の内側の糸は細く、外側のものは太く節も多い。繭の内側から引かれる細い糸は収量も少ないため、村では少しずつ貯めておき、手間をかけて織り上げる布に使われる。こうして織り上げられた布は、古くは自家用に利用されてきた。たとえば、娘さんの結婚式で、引き出物として新郎の家族の女性たちに心を込めてプレゼントする、そんな使われ方をしてきた。村で、そんなすばらしい布を見せてもらったあとで「欲しい」といっても絶対に譲ってもらえない、そんな布である。

しかし、わたしは外側の節の多い太い糸で織られた布の風合いも好きだった。その風合いのよさを生かせないものかと考えてもいた。

あるとき、この村で織られていたという古い蚊帳（モスキートネット）を見つけた。かつて、蚊帳作りはこの村の貴重な収入源であったという。強く打ち込まず、間隔を空けながら織り進んで、細かい網の目のように織り上げていく、それもまた熟練の織り手の仕事といえる。使われている糸も、手紡ぎの木綿糸で、太いところと細いところがあり、味のあるものだった。それを見たとき、あるアイデアが浮かんだ。――この蚊帳をシルクで織ってみよう。やわらかいシルクであれば、ショールとして使えるかもしれない。太い節のある生糸の風合いも活かせそうだ。

さっそく懇意にしていた村の織り手に相談し、試験的に織ってもらうことにした。彼女にしてみれば、なぜ蚊帳をシルクで作るのだ、と考えていたように思う。一か月ほどしてサンプルが織り上がった。なかなかの風合い、節のある生糸の手触りも軽く、ガーゼ状で気持ちいい。わたしは、その生成りの糸の色と風合いを活かすように、ひとつをインディアン・アーモンドの葉で金茶色から黒のグラデーションに染めてみた。もうひとつは、ラックの赤から鉄媒染の紫に。悪くない。思ったよりも、あか抜けたものになった。こうして、村に残る伝統を活かしたかたちで、新たな商品ができあがった。まさに、伝統とのコラボレーション。かさばらず、そしてとても暖かい、ガーゼシルクの誕生だった。

「バイマイ」の誕生

難民キャンプに暮らす織り手の布に始まり、村の女性たちの収入向上をめざすローイエットでの手織物プロジェクト、そしてクメールスリンの織り手たちとのコラボレーション。あわせて、自然の染料を相手に試行錯誤しつつ布と暮らす日々を送っていた。

でもそれで、どこからか給料をもらえるわけではない。そんなわたしを見かねてか、知り合いから雑誌の原稿書きや通訳のような仕事が舞い込み、何とか暮らしていた。タイへ個人旅行でやってくる人が増え始め、ガイドブックの取材も請け負った。八五年ごろのスタディツアー草分けのころには、織物の調査で訪ねて知り合った村に、学生グループのホームステイのアレンジもした。日本のテレビや雑誌の現地コーディネーターの仕事もさせていただいた。バンコクのドーンムアン空港に近いところに暮らしていたので、染め場のある自宅の近くで「民宿モリモト」というゲストハウスを始め、それで忙しい日々を過ごしていたこともある。しかし、やはり本業は布、染めと織り。糊口を稼ぐさまざまな仕事に追われながらも、村で織ってもらったシルクの布を染め、ハンカチやスカーフなどにしてクチコミでの販売を始めた。

自然染料の講習会は、スリンの村以外からも依頼されるようになった。イサーンには、古くから織物を生業としていた村々がある。その多くは、ラオ系やクメール系の出自、あるいはクーイやプー・タイといった、タイのなかでは「少数民族」に分類される人たちが暮らす村である。わたしが訪れていたのは、スリン県あるいはウボン県のそういった村々が多かった。

当時は自然染色への一般の関心は低く、布がコンスタントに売れるとまではいかなかった。しかし、村で講習会を開催し、村の織り手に自然染色を薦めているのだから、できあがった布の市場も探さなければならない。でなければ、リアリティがないことをしていることになる。結果、できあがった布を自分で買うようになり、それが少しずつたまり始めた。そして、手織り草木染めの布が好きな人たちとの出会いもあり、少しずつ売れる確信がもてるようになってきた。

八八年、バンコクでいちばんはじめにできたというスーパーマーケットが併設されたショッピングアーケード「プルーンチット・アーケード」の一角で、「バイマイ」という店を始めた。バイマイとは、タイ語で「木の葉」という意味である。店の名前は、自然を意識した名前にしたかった。いくつかの候補のなかから選んだ末に、知り合いのタイ人の詩人に相談すると、「いい音だ」という。その一言で、店の名前は決まった。

店内には、スカーフやハンカチ、ポーチなどの小物のほか、ラックで染めた淡いピンクのブラウス、ペカーで染めた黄色のセットアップ、マンゴスチンの果皮で染めたシルバーグレーのジャケット、バナナの葉で染めたカットソーなどが並んだ。もちろん、スリンの村で織られたガーゼシルクのショールもある。店の一角には、枝についた状態のラックや、ペカーの木片、乾燥させたマンゴスチンの果皮などの染め材も、小さなガラス瓶に収めてディスプレイした。

開店当時の顧客は、クチコミで店の存在を知った日本人観光客や、バンコク在住の外国人が多かった。わたしがコーディネーターとしてかかわった日本人カメラマンが、事務所のスタッフへのお土産に利用してくれたりもした。今風にいえば、フェアトレードの店。それも生産者の側にめいっぱい寄り沿ったスタンスの店だった。

「バイマイ」の店頭にはナチュラルダイのシルクのみが並ぶ

やがて、プルーンチット・アーケードの取り壊しに伴い、バイマイはマニヤセンタービルに移転、さらに九一年には郊外にできたばかりのタイ・ヤオハンの四階へと店を移した。そのころ、バイマイのシルクを贔屓にしてくれていたある日本の女性は、こんな紹介をしてくれていた。

「ガイドブックに載っている有名なタイシルクの店に行くと、どれもこれもきらびやかすぎるというか、はっきりしすぎた色彩のものが多くて、日本に帰ってから着こなせないように思いました。その点、バイマイのものは、まさにナチュラルカラーなので日常的に身につけられるし、それでいてシルクの質感がちょっと贅沢な感じになるので、気に入っていました」

そして、徐々にではあるが、タイ人のお客さんが増えていた。常連は、タイの自営業の女性たち。クイティオという麺を売る屋台のような店のオーナーの女性もいた。汚れるにもかかわらず、店頭でシルクのブラウスを着ていた。そして、評判の女性キャスター。テレビに出るときはいつもバイマイのブラウスを着てくれていた。それを知って、あるときから「宣伝になるから」と無料で提供するようになると、番組のエンドロールに「協力　バイマイ」と表示されるようにもなった。

染色レポートの依頼

九〇年のはじめ、バイマイに、リーダムと名乗る大柄なアメリカ人が訪ねてきた。イサーン訛りのタイ語を喋る変な人類学者で、タイの自然染色について調べているのだが、できれば情報をもらえないかという。わたしは、店にある染め材のサンプルや布を前にひととおりの説明をし、知っている範囲での自然染色に関係する人物や団体の名を挙げた。

それから一か月後。リーダム・レファーツは、二人の女性を連れて再びやってきた。マティベル・ジッテンジャーは、アメリカのテキスタイル・ミュージアムのシニアスタッフで、インドネシアの染織に関する著書もある染織の専門家。ルイス・コートは、日本語を話す陶磁器の研究者であった。

リーダムとジッテンジャーの二人は、東南アジア一帯の「タイ」族に関する染織についての調査に携わっていた。――国民国家としてのタイは、英語ではThaiと表記する。一方、民族学的にタイ族という場合は、タイ国のタイ人（シャム族）のみならず、ビルマのシャン族、ラオスのラオ族、ベトナムの黒タイ族、白タイ族、中国のチュワン（壮）族などを含み、Tai族と表記される。彼らが対象としていたのは後者の「タイ」であった。

リーダムは、これまで何人かの織物の研究者やコレクターに会ってきたが、自然染色についての知識を持ってはいても、実際に現場を歩いていることは少なく、話も人伝えのものだったりして不確かなところが多いという。染めを実際にやっている人にも会ったが、自分の染めている染め材については語れても、それ以上のことを知っている者は少なかったという。そして、自分たちの調査に協力してもらえないだろうか、と切り出した。ジッテンジャーは、これはテキスタイル・ミュージアムの仕事として依頼したい、とつけくわえた。

わたしは、東北タイのいくつかの村で自然染色の講習会を開き、調査をしてきただけで、その他の地域のことはわからないと説明したが、彼らはその東北タイのレポートを書いてほしいのだという。東北タイに限っての、自然染色ということであるなら、と引き受けることにした。

二か月ほどをかけて、かつての聞き取りメモや染色実験の記録などを整理し、さらに植物のタイ語名や英語名、学名のチェックをし、スリンの村へ出かけたときには村びとに確認もとった。そして、東北タイで染色に用いられていた十六種の染め材と、その染め方をまとめた「タイ東北地方における伝統的染色法について」というレポートが完成した。

このとき、リーダムとジッテンジャーが行なった調査結果は、九二年七月にバンコクのタイ文化センターでシリキット王妃の還暦を記念して開催された「東南アジアにおける、織物とタイ族の経験」展として一般公開された。わたしがテキスタイル・ミュージアムに提出したレポートのデータは、そのときのカタログの巻末に参考資料として掲載された。

プノンペンの絣布

その後、リーダムは、ユネスコが取り組むカンボジア織物復興プロジェクトのプランニングにかかわり、いくつかの協力を打診してきた。そのうちのひとつが、カンボジアの織り手をクメール系タイ人の多いスリンの織物の村へ連れて行くためのアレンジであった。カンボジアの王家のために布を織っていたという年配の織り手本人は、出発直前になって体調を崩したため結局は参加できなかったものの、カンボジア・ユネスコのスタッフとリーダムを、わたしはスリンの村に案内した。

スリンに着いて、そのカンボジア人スタッフは驚きを隠さなかった。町中にクメール語があふれていたからだ。言葉も八割ほどは通じるという。村に入ると、ここは「ほとんどカンボジアの村だ」と言わしめたほど。プノンペンからバンコクへと飛行機で移動し、さらに列車で六時間あまりの移動で、さぞかし遠方まで来たという思いだったのかもしれないが、スリンの町とたとえばカンボジアのソムラオンの町との直線距離はわずか八〇キロメートル、シェムリアップまでも一七〇キロメートル、生活文化圏としては、実はきわめて近かった。

＊＊＊

九四年六月、はじめてカンボジアを訪れた。プノンペンのセントラル・マーケットで、布を売る店をのぞいてみた。柄も色使いも、タイではあまり目にしないものがある。ただ、生糸がいまひとつよくない。積み上げられた布のなかから、カンボジアの村で織られたという絣の布を広げて見せてもらいながら、織物をしている村を訪ねてみたいと思った。国立博物館を訪れて、展示されていた織り機とガラスケースの中で埃をかぶった数枚の絣の布を見た。織り機は、タイのクメール系の村びとが使っているものと同じ、経糸巻具が前に張り出した特徴のあるものだった。ただ、経糸巻具の側の足が傾斜していた。ガラスケースの中の絣布は、独特の裾柄のついたもので、繊細な仕事であることが見て取れた。

そのとき、わたしはバンコクの国立博物館で十五年前に目にした、すばらしい絣布のことを思い出した。あの布と、同じ流れをくむ布がそこにあった。

バンコクの博物館で出会った、カンボジアの赤い絣の布。——その布が、その赤い糸が、もしかすればば、あのときわたしに絡みついてきたのかもしれない。気がつけば、タイのクメールスリンと呼ばれる人たちと仕事をし、そして今、その本家とも知らずカンボジアにたどり着いたのだから。

2

織り手を訪ねて

ユネスコのコンサルタントとして、村を回り、調査を行なう

村の織り手を訪ねる

一九九四年九月、二度目のプノンペン。ユネスコの事務所で、無形文化財担当の女性から一枚の簡単な地図を受けとった。国道の番号と、曲がるところにある目印の市場、分かれ道の先には山とお寺の絵、そして訪ねる村の名前と織り手の名前が記されている。それだけのものだったが、右も左もわからないわたしにとっては貴重な地図である。あわせて、行き先の安全も確かめた。六月にきたときは、セントラル・マーケットで織物を扱う店を見てまわり、国立博物館を訪れただけだったので、今回は、織物をしている村を訪ねてみたいという希望を伝えておいたのだ。

ホテルに戻り、車の手配を頼む。タイ語も話す愛想のよいレセプションの女性は、行き先がプノンペン市内ならいくらでもあるのだけれどと、郊外に行くことを嫌がるドライバーが多いことを訴えながらもあちらこちらに電話をかけてくれた。わたしが向かう先は、プノンペンの町から南にわずか六〇キロほどの、タケオ州のなかでもプノンペン寄りの村である。しかし、そこからさらに五〇キロほど先は、山賊やゲリラが出てきてもおかしくない地域であり、ポル・ポト派のタ・モク将軍が支配する山岳地帯にも連なる。こんなところからも、内戦が完全に終結していないことがうかがえた。

しばらくして、ようやくひとりの年配のドライバーがやってきた。彼には、わたしが村へ行く目的は織物の村を見てみたいのだということを、レセプションの女性からも伝えてもらう。同行者もなく突然現われた外国人のわたしに村びとが不信感を抱かないよう、ドライバー氏にも、わたしの目的を事前に理解してもらうためである。

国道2号線を南下し、タケオへと向かう。地平線まで見渡せる風景が続く。熱帯モンスーンの雨季に入り、周囲に広がる田園は、田植えも終わり、緑も生き生きとしている。藁葺きの農家の家は、タイの村のそれよりひと回り小さいようだ。板張りの、建てたばかりの家もいくつか目に入る。国連軍が入り、ようやく復興が始まりつつあることを感じさせる。

簡単すぎる地図でも迷いようがないほどに脇道がない。目的の市場に着き、しばらく行くと分かれ道があった。右前方の小高い丘のような山に向かって進む。集落を過ぎて、また田んぼが広がる。再び村に入る。高床式の家の階下に、織り機らしいものが見えた。ドライバー氏に、村の名前を確かめてもらうように頼む。違う、まだ先のようだ。再び田んぼ、やがて少し大きな村に入る。織り機に向かう女性の姿も見える。道端の雑貨屋にいた数人の村びとに、村の名前をたずねる。ペイ村、ここだ。

地図にメモ書きされている、織り手の名前をたずねてみる。突然やってきた外国人に、村びとたちは少しけげんそうな様子で、「知らない」という。やむをえない。近くの家で織り機に向かう女性が見える。そこに行き、カメラを向けて写真を撮らせてもらう。わたしの意図を、動作で伝えたほうが早い。ドライバー氏も、集まってきた村びとたちに何やら説明してくれている。皆の目が、わたしに集まっているのを感じる。織り機や括りの道具を指差して、その名前をたずねる。返ってきたクメール語のその名前を、わたしは大きな声で復唱する。もちろん、正しい発音ではないから、それを言い直してくれる。織りは「トーバン」、シルクは「ソーット」、織り機は「ガイ（ケイ）」。少しオーバーなくらいに振る舞い、わたしが織物に興味があることを、全身で伝える。

織り機や道具のスケッチを始めると、まわりから覗き込む子どもたち。しばらくすると、村びとがひとりのおばあちゃんを連れてきた。彼女が、オゥンさんだった。

手招きされるままに、彼女たちの後ろをついて行く。何人かの女性たちは、サンポットホール（綾織りで三枚綜絖の緯糸絹絣）という絣の巻スカートを身に着けている。それを指差し「あなたが織ったのか」と身振りで問いかけた。そうだ、といわんばかりに笑いながら、うなずく彼女たち。わたしはオゥンさんに、ユネスコのオフィスでこの村までの地図とあなたの名前をもらい、ここにやってきたことを伝える。彼女は五十七歳。彼女の家らしきところに着いた。織り機が二台並んでいる。一方は、娘さんが織っているという。

オゥンさんが、織った布を見せてくれる。なかなか細かい括りの絣柄で、色使いは伝統的な黄色と渋い赤を基調とした配色である。幾何学模様のように見える柄は、花柄をモチーフにしたものらしい。

染料は、タイ製の一〇グラムの小袋を使っていた。「染料」が通じなかったので、彼女の使っている染料を自分で見つけ出した。わたしがつきあいのある東北タイの村でも、織り手が染料を片づける決まった場所がいくつかある。はじめて訪れた家にもかかわらず、藁葺き屋根のすき間にある化学染料の包みを引っ張り出してくる、変な日本人である。ちなみに、クメール語で染料は「リヤック」。

自然染色のことを聞きたいと思ったが、通じない。どうしたものか。しばらく考えた末、彼女に何歳から織りを始めたのかをたずねた。十三歳から。化学染料の小袋を示しながら、そのときこれはなかったんじゃないのか、と手振りでたずねてみた。そして、織り上がった布の黄色を指差し、近くにあった雑草の葉をちぎってきて、これかという身振りをした。しばらく考えていた彼女は、突然立ち上がり、家の裏手から木の皮を持ってきた。そして、この黄色がそうだ、と木の皮を手に説明しようとする。

驚いた。それは、わたしも使っている、タイのクメール系の村ではペカーと呼ばれている木の皮であった。ここカンボジアでは「プロフー」というらしい。織り手であり、自分で自然染色の経験がある。だから、わたしの身振り手振りを理解してくれた。プロフーが、この村で採れたものなのか、またはどこかから持ち込まれたものなのかも知りたかったが、そこまでは聞き出せなかった。

同様に、絣布の赤や茶色の部分を指差して、ほかにはないのか、とたずねてみた。彼女は、そばにいた女性に何か言っている。わたしがプロフーの写真を撮っていると、目の前に手折ってきたばかりの実のついた枝が差し出された。あっ、これもあるの。日本ではベニノキ、タイではカムセットと呼ぶ染材である。フィリピンやインド、ジャワなど、東南アジア各地で使われている。実の中の種子を包むパルプの部分に色素があり、オレンジがかった赤に染まる。クメール語では「チャンプー」という。

そして、最後に、ラックも出てきた（ラックとは、カンボジアの伝統織物において特徴的な赤い色を染めるための染料で、その色素はラックカイガラムシの巣から抽出される）。

かつてこの村で聞き取り調査したというユネスコの現地スタッフの説明では、村レベルではもう草木染めは行なわれていないということだった。それゆえ、これだけ自然の染料が村にあるとは予想もしていなかった。

プノンペンへの帰り道、はじめて訪ねた村での思っていた以上の収穫に、わたしは軽く興奮していた。雨季に入ったカンボジア、強烈なスコールの後に青空が再び広がり始め、稲の葉が輝いていた。

ユネスコのコンサルタントとして

プノンペンに戻ると、わたしはさっそくユネスコの事務所に出向き、地図のお札とともに村での見聞を伝えた。無形文化財の担当者からは、村の現状についての本格的な調査ができればいいな、という話が出された。以前、リーダム・レファーツからカンボジア・ユネスコによる織物調査を打診されたことがあったが、そのときは予算の関係で実現には至らなかった。そもそも、カンボジアの織物について、どこでどのようなものが織られているかをまとめた資料はないようだ。ペイ村の現状についてだけでなく、カンボジアの織物の現況を把握する調査をやらなければという話になった。しかし、まずは予算である。彼女は、もう一度、検討してみると約束してくれた。

十一月、潤沢ではないものの予算がついたと連絡が入った。ついては、一月から現地調査に入れないかという打診があり、再びプノンペンを訪れた。——わたしは、ユネスコの「カンボジアの伝統織物の復興」プロジェクトにおけるコンサルタントとして、「カンボジアに於ける絹織物の製造と市場の現況」調査を行なう。一月から五月までの契約で、その期間中に調査を終えて報告書を提出するというものであった。

調査の前提となるべき基礎資料のたぐいは残っていない。タケオとかコンポンチャムという産地の名は、市場でもよく耳にするものの、それ以上に具体的な情報となると確たるものはなかった(タケオもコンポンチャムも、州の名であり、州都の名である)。カンボジア政府の産業省や文化芸術省にも、伝統織物に関する記録はないという。唯一、ユネスコの担当者が見つけ出してくれたのは、一九六〇年代後半のフィールドワークを元にフランス人研究者が残した、カンボジアの養蚕と織物に関するレポートの英訳であった。

＊＊＊

村を訪ね、聞き取り調査を行なうには、通訳兼助手となるスタッフが必要となる。ユネスコから預かった通訳候補者のファイルから、ひとりの青年を選んだ。ソティヤ君、二十五歳。プノンペン大学に在籍しているが、経済的な事情から現在は休学に等しい。ＵＮＴＡＣ時代には、ＰＫＦ（国連平和維持軍）の通訳をしていたという。

だが、英語はできても、織物に関してはまったくの素人、それでは不安が残る。そこで彼を連れて、ケマラ（KHEMARA）という現地ＮＧＯが運営する織物訓練センターで半日を過ごした。わたしが織り手にあれこれ質問をし、それを彼が訳すことで、織物に関する用語や染め織り作業の工程を理解してもらうためである。

フィールドワーク

以下、ここでは、ユネスコのコンサルタントとして「カンボジアに於ける絹織物の製造と市場の現況」調査を行なったときのフィールドワークを中心に、かいつまんで再現していく（この調査の過程で、わたしが出会い、話を聞くことのできたおばあたちの多くは、すでにこの世にいない。だが、彼女たちの協力なしには、現在のＩＫＴＴは存在しえないことを、ここにあえて記しておきたい）。

＊　＊　＊

一九九五年一月十八日、調査初日。まずは、織物産地として有名なタケオへと向かう。だが、州都タケオに着いてみると、町なかに織物を扱う店は見当たらない。市場に行き、何人かに織物を売っている店はあるのかと聞いても知らないという。では、このあたりで織物をやっている村はあるかと聞いても、見たことも聞いたこともないという。一〇キロほど南に行ったトリアン郡までバイクで足を延ばし、市場を訪ねてみるが、結果は同じ（じつは、その先のキリボン郡では養蚕も織物もやっていることは、後日知った）。いったいどういうことなのか。手がかりのないまま調査初日が終ってしまった。そんな状態からのスタートゆえ、行く先々で「このあたりに織物をやっている村を知りませんか」とたずねてまわるようになる。

その晩、わたしとソティヤ君は、宿泊先近くの食堂で夕飯を食べていた。たまたま隣のテーブルに座った男性と言葉を交わし、わたしたちはユネスコの依頼を受けて各地の村に残る織物の調査をしている、という話をした。すると彼は「うちの村でも織っている人がいるよ」と教えてくれた。感激。彼は、所用があって町まで出てきていた小学校の先生だった。カンポット州オンコーチェイ郡オンコーチェイ村。タケオ州の隣のカンポット州に属する村だが、タケオの町からさほど離れてはいない。村までの道筋も、その先生に確認した。

翌朝、まず向かったのは郡役場のあるタニーの町。わたしは、江戸時代の宿場町にタイムスリップしたかのような錯覚に襲われた。近代的なものは何もない。赤茶けた道と板張りの小さな家々のたたずまいと、路傍に野菜を並べた朝市のようなところに小柄な馬が牽く馬車が道行く人を待つ、そんな風景のせいだった。郡の役場は、未整理の倉庫のなかに小さな木の机がポツンと置かれただけの、とても事務所と思えるところではなかった。しかし、わたしがユネスコから依頼を受けた調査できたことを告げると、どこからか郡の文化担当の男性が現れて、僻地の村へと案内してくれた。タニーの町は、二十五年前には、この一帯の養蚕と織物の中心地だったという。だが、今の町にその面影はない。プノンペンから一〇〇キロ圏内で日帰りも可能なタケオがプノンペンの商業圏に組み込まれているとすれば、ここがその外側にあることの落差を感じざるを得ない。

タニーの町から南に一〇キロほどのダウムドーン村は、かつてはすべての家々に織り機があったというが、五百七十二家族の大きな村のなかに現在はわずか二台、隣のチャラップ村と合わせても十四台の織り機が残るのみ。そのうちの何軒かでは自家生産・自家消費という伝統的形態のままに、在来種の黄色い繭が昨年あるいは数年前まで生産されていた。しかし、残った繭を糸にして売らざるを得なくなったり、あるいは娘さんが病気になり人手が足りなくなったりと、こまごまとした事情が重なりやめざるをえなかったという。次の蚕を育てる卵もなく、養蚕を続けたくとも立ち行かなくなっていた。

ここで織られているのは、日常使いの無地のパームオン（経糸と緯糸に異なる色を使うことで、光沢のある玉虫色の絹布）、クロマー（格子柄の平織りの布、ほとんどは綿で織られている）そしてサロン（平織りの日常使いの腰巻布）である。織物は、自給自足に近い暮らしのなかで、乾季の村の女の仕事として伝統的に行なわれてきた。自分たちのために布を織り、余分の布は必要に応じて市場に持っていき換金するか、米と交換しているという。

村を回るうちに、あっという間に一日が過ぎていた。このままでは調査予定が大きく狂ってしまう。訪ねるはずのオンコーチェイ村へは日を改めることにして、タケオ州での調査に戻ることにした。

タケオの織物の村へ

翌日からは、国道2号線をタケオの町からプノンペンに向けて北上するように村々を訪ねていった。

ソムラオン郡の西スラー村では、養蚕の経験はないが十年ほど前まで在来種の黄色の生糸を使っていたという七十歳の織り手から話を聞いた。彼女は、かつては平織りのサロンを織っていたが、サンポットホールのほうが値段がよいので、プレイカバ郡の織り手から教わって切り替えたという。しかし、最近は生糸が値上がりする一方で、織り上げた布はそれほど高く売れないので心配だと訴えていた。

その先の街道沿いのわずか五〇〇メートルほどの集落に、生糸を扱う店が四軒もあった。雑貨店も並ぶここがサイワ・マーケットと呼ばれ、一帯の生糸や布を集約していた。タケオの名は織物の産地として広く知られているが、織物に関する流通は州都であるタケオの町に集まるわけではなかった。織物の、とくに絣の産地といえるのは、ソムラオン郡、プレイカバ郡、そしてバティ郡にトライアングル状に広がる村々で、その要となっているのがプレイカバ郡サイワ村の、この集落であった。

サイワ・マーケットでは、今は二階建ての店舗を構えているが、昔は村をまわり生糸の行商をしていたという七十三歳になる男性から、この周辺の織り手たちはかつては養蚕もしつつ織物をしていたが、次第に養蚕をやめて織物を専業とするようになったということや、一九七〇年以前のことだが、日本の生糸も扱っていたという話を聞くことができた。

プレイカバ郡のルセイトメイ村の五十歳の織り手は、四十年くらい前、母親が養蚕をしていたことを覚えていた。彼女の家はわずかしか農地を持たないため、ほとんど専業で織りをやっている。現在はおもにサンポットホールを織っているが、一九八一年以前は木綿のクロマーや平織りのモスキートネットも織っていたという。また、西アンピル村の六十五歳の女性は、（目が悪くなったのでもう織りはしていないが）自然染色についての知識があり、彼女が二十五歳のころには母親が藍染めをやっていた記憶

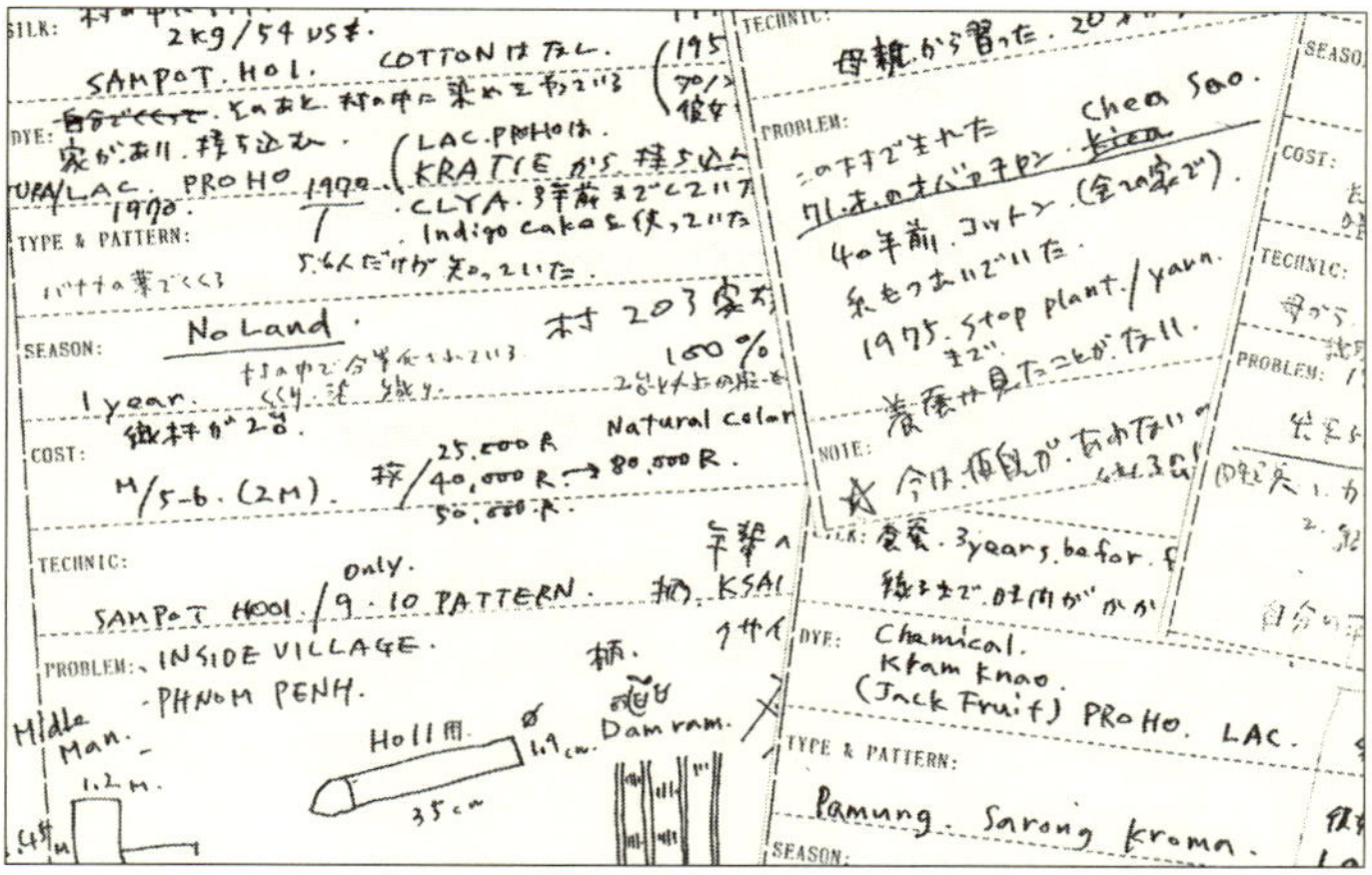

この調査票の積み重ねが、現在のIKTTへとつながっている

もあった。この村では、およそ一二〇家族のうち九割以上の家に織り機があるという。

おばあの記憶

調査を始めた当初は、村を訪ね、織り機の前に座っている女性を探し、インタビューを試みていた。が、最近のことはともかく、以前はどうやっていたのかという質問をすると、なんともはっきりした答えが返ってこない。カンボジアの内戦は二十年以上にもわたっているので、現在四十歳くらいの女性であっても、彼女が昔の方法で織っていたのは十代後半のことになる。織り機に座って仕事のできる年ごろではあるが、染め織りの作業内容や工程に関することを具体的に聞き出すには、まだまだ十分な経験を積むだけの歳ではなかったようだ。

あるインタビューのとき、ひとりの織り手のかたわらに、彼女の母親が座っていた。高齢のために、すでに織りはしていない。だが、わたしの質問を聞いているうちに、そのおばあが「あたしの若かったころは……」と突然話し始めた。——彼女の記憶はしっかりしていた。そして、戦乱に巻き込まれる以前に、すでに一人前の腕前で仕事をしていた彼女は、作業の詳細な手順やその内容も覚えていた。

そうか、おばあの記憶が大事なんだ、と気がついた。手順書のような資料があるわけではない。すべては、彼女たちの記憶のなかに残っているだけである。それからは村を訪ねると、「この村で、織物の経験がある、いちばん高齢のおばあちゃんは誰ですか」とたずねるようになった。ある村では、八十代のばっちゃんが、一九三〇年から四〇年くらいの間に、村に化学染料が入ってきたことを語ってくれた。

ソムラオン郡の北に位置するバティ郡では、まずは目印となるチョムボックの市場から西に向かい、タノップ村（チョムボック地区）とトロペアンクロサン村を訪ねた。市場から東に向かい小高い丘を過ぎたあたりにはタノップ村（トゥナット地区）とペイ村がある。ペイ村では、十一月に訪ねたウォン・チアさんにも改めてインタビューを行なった。彼女は、雨季のおよそ一か月を除いて一年中織っているという。サンポットホールの柄には、二〇〇以上の柄があるという。今は化学染料を使っているが、かつてはプロフー、ラック、チャンプーといった自然染料を使ったことがあると、前回の訪問時に聞きとったことも確認できた。また、これらの染め材に、タマリンドを混ぜることで違った色が得られることも彼女は知っていた。こうしたことからも、間違いなく自然染色の経験があったという確信を得た。

コンポンチャムへ

プノンペンからスピードボートで約二時間半、メコン河を約一〇〇キロ遡上したところにコンポンチャムの町はある。大きく蛇行するメコン河は町の手前では東西に流れ、町を過ぎた上流では北上する。

コンポンチャムにある国連機関（ＩＬＯ）の事務所を訪ね、周辺の村についての情報を集める。メコン右岸のカンミア郡の郡役場では、郡長からこの周辺の織物の村の状況について話を聞き、そこから約八キロ上流のロカーコイ村を訪れた。この村の七十三歳の織り手は、シルクを織ったことはなく、木綿のクロマーとサロンを一年を通して織っている。だが、今年は糸の値段が上がったので、ほとんど利益が出なくなったと嘆いていた。五十八歳の織り手のところには、旦那さんが作ったという竹製の織り機が三台あり、二人の娘と織っていた。ここもシルクではなく、二枚綜絖の平織りの織り機で、ムスリム用の木綿のクロマーとサロンを織っている。どちらの織り手の家も、仲買人から染めた糸を買い、手間賃だけで織っていた。

隣接するコンポンシエム郡のコンポンクロバイ村は、チャム・ムスリムの村で、この地域では唯一シルクを織っている。この村の四十歳の女性は、二十種類の柄のサンポットホールを括り、織れるという。コントイクロガオ（クジャクの尻尾）という名の大胆な絣柄が流行っているのか、ここだけでなく他のムスリムの村でも見かけた。彼女は、化学染料で染めているが、括りの紐にはバナナの繊維を使っていた。母親から習って十六歳ごろから織りを始めたが、一九七五年から七九年のポル・ポト時代は、イスラーム教徒であるチャムの人たちにとって、とても織物をやっていられる状態ではなかったという。九十二家族の村のほぼ半分の家に織り機があるが、シルクを織っているのは二十家族だけである。

チョムカーサームサップ村では、三十人以上の織り子を抱え、自分で染めた糸を渡して織らせているという五十四歳の仲買人の男性からも話を聞いた。彼が染色に使うのは、タイ製の五キロ缶、一〇キロ缶の、色によっては二〇キロ缶の化学染料である。村びとが使っている一〇グラムの小袋の染料とは比

チャムの織り手たちがコントイクロガイと呼ぶ絣柄

べ物にならないくらい、安く大量に木綿糸を染めることができる。そのためか、このあたりには自分で糸を染めたことがないという織り手が多かった。彼が染めた糸を使わなくとも、染めた糸を行商人から買って織っていた。

　メコン河に面したコンポンチャムの町の対岸の下流側が、コソティン郡である。町のはずれから乾季のときだけ作られるという竹製の橋を渡った。フランス植民地経営の名残のような樹齢七十～八十年以上と思われるカポックの林を抜け、川岸のあちこちに広がるタバコ畑を眺めながらその先の船着き場まで約一〇キロをオートバイで行く。

　渡し船に乗り、対岸へ。トーイ川沿いに続くモーハーリアップ村では、村の八割に織り機があるというが、この時期はタバコの収穫が忙しく、織り機があっても織りの仕事は休んでいる家が多い。この村の六十歳の女性は、昨年までは自分で糸を買って織っていたが、今年からは村のなかにいる仲買人から糸を預かり、織るようになったという。彼女が織っているのは、木綿のクロマーである。綿糸の値段が、ここ三年どんどん高くなっていると嘆いていた。そこから一二キロほど先のロビィア村でも、織られているのはクロマーのみであった。

絣の村——プレークチョンクラーン

プノンペンの市場の織物を扱う店で、そこに並ぶシルクの絣布がどこからきたのかとたずねると、たいていはタケオかコンポンチャムという産地の名が返ってくる。しかし、コンポンチャムのいくつかの村を訪ねたが、サンポットホールを織るいくつかのチャムの村はあったものの、ほとんどの村では木綿のクロマーやサロンを織っていた。あの、きれいな柄のサンポットホールは、いったいどこで織られているのか。

プレイベーン州のシトーカンダール郡を訪ねて、その謎はようやく解けた。コンポンチャムでの調査を諦めてプノンペンに戻ろうとした翌朝、もう一度思い直して、公衆衛生を中心に活動する地元のNGOオフィスを訪ねてみた。すると、村を回っている男性スタッフが織物の村があることを教えてくれた。コンポンチャム州のコソティン郡ロビィア村から小さな橋を渡ると、プレイベーン州のシトーカンダール郡プレークソンダエク村に入る。村には、ソンダエク・マーケットという小さな市場があり、その規模には不釣り合いなほどに金を売る小さな店が並んでいた。その数二十軒以上。そのほとんどは、にわか造りの板張りで、その板の新しさからして、ここ数年のものと思われる。これは、金を扱い両替商も兼ねる店が商いを続けられるだけの現金が、この辺境の村で動いていることを意味する。そして、これらの店の前の、小さなガラスケースの中には、いくつかの金のアクセサリーと五〇〇リエルの札束と一緒に、必ず何枚かのサンポットホールが並んでいる。つまり、彼らは布の仲買人も兼ねていた。

プレークソンダエク村に隣接するプレークチョンクラーン村は、二〇三家族のほとんどの家に織り機があり、その半数は二、三台を所有する。織られているのは、すべてサンポットホールである。その隣の村では、約一〇〇家族のうちの半数の家で織りをやっている。つまり、この二つの村だけで四〇〇台近い織り機が動いている。一台の織り機が一八〇センチ長のサンポットホールを月に五枚織ると少なめに見積もっても、月に二〇〇〇枚が生産されていることになる。一枚一六ドルとして、月々三万二〇〇〇ドルのお金が動く。これは決して少ない額ではない。一九九五年当時の、内戦を終えたばかりのカンボジアの状況を考えれば、ソンダエク・マーケットに並ぶ金行のにぎわいも理解できよう。

二〇〇〇枚の絹絣を織るためには、少なくとも月に五〇〇キロの生糸が必要だ。一〇パーセントの歩留りを考えて五五〇キログラム。年間を通して織っているので、一年で約六・五トンの生糸が動くことになる。現在では、この生糸の扱いも含め、織り上がった布の流通もすべて仲買人による。生糸は、かつては在来種の黄色い生糸も使っていたが、一九七〇年以降はベトナムからの白い生糸に置き換わっている。わたしが話を聞いた六十八歳のおばあは、以前はプノンペンまで行って糸を買っていたという。それは一九五〇年ごろのことで、そのときの生糸には在来種の黄色い生糸もあったという。

この一帯では、絣の括りや、糸染めを専業とする家があり、織りを専業とする家との分業化がみられた。これも他の地域では見られない現象である。分業化するだけのニーズがあるということだが、隣接するロビィア村の村びとに言わせれば、この村の人たちの多くは十分な農地をもっていないがために、織物

夕暮れのメコン河を前に、まだ見ぬ織物の村を思う

で暮らしているのだという。

辺境の養蚕家

プレークチョンクラーン村にたどり着けたことで、絣の産地コンポンチャムの名が知れ渡っている理由の一端は理解できた。が、もうひとつ気になることがあった。ここに来るまで、その地名のとおり（コンポンチャムとは「チャムの港」の意）、このあたりにはチャムの人たちの村がたくさんあり、そのチャムの人たちの織物にも出会えると思っていた。だが、それらしい村は見当たらない。メコン河に面したホテルの部屋で、夕日を見ながら考え込んでしまった。まだ見ぬ織物が、たどり着けていない織物の村が、このメコン河のどこかにあるのではないか、と。

そんな思いもあり、クラチェ州にほど近いクローイチュマー郡で養蚕をやっている村があると聞き、少し遠出をすることにした。コンポンチャムの船着き場から、メコン河を遡上するスピードボートで約一時間半。船の時間を調べると、なんとか日帰りが可能であった。

早朝のスピードボートに乗り込んだ。しばらく行くと、川岸にフランス植民地時代の名残ともいえる、東南アジア最大といわれたゴムのプランテーションが見えてきた。コンポンチャムは、カンボジアのなかでも肥沃な土地として知られる。換金性の高いタバコ、ゴム、カポックなど、そしてプノンペンで消費される野菜や果樹の多くが、このあたりの河岸や中洲で栽培されている。それはまさにメコンの恵みのおかげ。タケオやカンポットなどの、雨季の天水を頼りにした稲作地帯というカンボジアのイメージとは違った景色がここにある。

小さな船着き場に着いた。オートバイタクシーを探し、目的のソムラオン村へ。ドライバーは、その家を知っていたようで、家の前に止まると、ここだというように合図した。が、どうみても普通の農家の感じではない。不思議な気がした。ひとりの女性が出てきて、わたしたちを迎えてくれた。

蚕室となっている部屋に入り、驚いた。「なぜ、これがここに」。それがわたしの最初の質問だった。養蚕と聞いて、カンボジアの伝統的な黄色い繭を想像していた。しかし、目の前にあるのは白い繭だった。そんなわたしの驚きを見透かしたように、彼女は説明してくれた。――最初に養蚕をしたのは二十年前、ポル・ポト時代のこと。ここからメコン河を約二三キロ下ったトレン島に、黄色い生糸を生産している農家があり（当時）、そこで五年間手伝い、養蚕を覚えた。その後、十五年近く養蚕をしていなかったが、二年ほど前に二・五ヘクタールあったバナナ畑の半分近くに桑の木を植え始め、ベトナムから卵を譲り受けて養蚕を始めたという。最初はうまくいかず、昨年の十二月にはベトナムから専門家を呼び、四十日間の指導を受けたところだという。生糸需要が高まっていることを知って、彼女は換金性のある生糸に目をつけたようだ。この村で養蚕に取り組んでいるのは彼女だけで、他の村びとは彼女の動きを注視しているようだ。なお、この村に織物の伝統はない。

この辺境ともいえる村で、まったくの個人が、ベトナムの専門家の協力を得て、ベトナムシルクの生産を始めようとしていた。充分な需要は見込まれているから、あとは安定した質の生糸を供給するだけである。これまでさまざまな換金作物を生産してきた経験があり、肥沃な農地を持つ村びとにとって、養蚕への参入はそんなに難しいことではないのだろう。インタビューの間、彼女のそんな自信のようなものが感じ取られた。

兵隊との遭遇

彼女の話では、ここからメコン河を少し下ったところに、絣の織物をしている村があるという。待たせておいたドライバーに聞くと、知っているという。すぐ、その村めざして移動する。途中いくつかの村を通過した。バイクの後ろで揺られながら、ふと、ピンクゾーンと呼ばれるポル・ポト派の支配地域に向かっているのではないかと不安がよぎった。村の位置を正確に把握しないままに移動したことを、少しだけ後悔した。だが、戻るわけにはいかない。

メコン河に沿って約十三キロ。ペアと呼ばれるムスリムの男性が被る白い帽子姿を見かける村に入った。高床式の階下には、織り機が見える。この村に入るまで、道沿いの家々に織り機を見ることはなかった。しばらくそのまま村のなかを走る。大きな村のようだ。道沿いの、織り機が二台並んだ家を訪ねることにする。

まず、家の主に挨拶し、来訪の意図を告げ、織られた布を見せてもらう。ムスリムのための、木綿とシルクの混織のサロンと、クロマーがでてくる。そして、黄色と赤を基調とした、伝統的な色使いのサンポットホールも織られていた。仏教徒のクメール人のためのサロンは、チェック柄のみで構成されるものがほとんどだが、ムスリムのサロンは、チェック柄の間に約二〇センチ幅で同色の縞柄もしくはその部分だけ色を濃くした間隔の狭い縞柄が挿入される。経糸緯糸ともに、木綿とシルクが交互に織り込まれている。これはイスラームの教えで、純絹のものを禁じているからだ。配色も、クメール人のための、一般的なサロンとは異なる色使いがなされている。

ここトレア村は、あわせて約一〇〇〇家族の大きな村で、そのおよそ七割の家に織り機があるという。農地はなく、一年を通じて織物をしている。生糸は、プノンペンまで直接買いに行くという。黄色の染料は、近くのクラチェ州の村からプロフーの木の皮を買って染めるが、その他は化学染料を使っている。ラックを使ったことはないという。また、この村の村びとは、マレーシアのムスリムとの行き来があり、織り上がった布がマレーシアに送られることや、持ち込まれた布と交換することもあるという。——昨日、メコン河を見ながら思い描いた村はここだったのか。もっとゆっくり話を聞きたいのだが、船の時間が気になり始めた。いつかもう一度と思いながら、別れを告げた。

コンポンチャムに戻るなら、この先の対岸にクラチェからのスピードボートが着くという。時計を見ると、もうそんなに時間がない。訪ねた家からわずか二〇〇メートルでメコン河岸である。少し視界の開けたところが船着き場のようだ。ゆったりと流れるメコン、川幅は広くおそらく一キロはある。遠く対岸には、大きな船着き場が見えた。

そのとき、数人の兵士がオートバイに乗って現われた。これまでも、村で兵士にでくわしたことがあったので、最初は気にしなかった。が、まわりにいる村びととまったく口をきかず、銃も構えたまま。国旗を縫いつけた腕章もしていない。嫌な感じがした。つい今しがた、村びとからポル・ポト派の兵隊がきて〝税金〟を取り立てると聞いたばかりである。何かあれば、いつ撃たれてもおかしくない、そんな状況だった。

わたしは、メコン河を眺めるようにしゃがんでいた。村びとが、わたしと並んでしゃがんでくれ、かばってくれた。兵士の動きを気にしながら、助手のソティヤ君に、なんでもいいから舟を探してくるように指示した。しばらくして彼から合図があった。乾季でメコン河の水位は下がっている。川岸までは三〇メートル以上ある。わたしは、そこをゆっくりと降りていき、漁師の小舟に乗ることができた。が、背中に銃口を感じ、兵士がわたしを狙っているような気がして、舟が沖に出るまで振り返ることはできなかった。

今となっては笑い話で済むのだが、今回の調査のなかで唯一、緊張した場面であった。

藍建ての記憶

プレイベーン州シトーカンダール郡のプレークチョンクラーンの織物の村を訪ねたときのこと。ある織り手の家で、足元に転がっていた小さな素焼きの壺の内側がきれいな青色をしていることに気がついた。家人にたずねてみると、昔、染めに使う藍を保存していた壺だという。この家では染めに使う藍は、藍染めを専門とする村から買っていたという。

藍染めは、その工程に温度管理など複雑な工程が含まれるため、日本でも紺屋《こうや》と呼ばれる専門業者が存在した。それは専門特化するだけの需要があったということでもある。かつてのカンボジアにも紺屋があり、藍染めが盛んに行われていたことがうかがえる。

では、その村はどこにあるのか。おばあの記憶では、プノンペン近くのメコン河沿いの村だという。村の名を控えて、はやる気持ちを押さえてプノンペンに戻ったことを覚えている。

タケオ州での聞き取り調査で、プレイカバ郡西アンピル村に暮らす六十六歳のおばあから、かつては藍染めをしていたという話を聞いていた。とはいえ四十年も前のことなので、同い年のおばあと相談しながら、自分の記憶をたどりつつ、思い出したことをわたしが聞きとったかたちである。わたしがノートに描いた葉の形、花の色から、タイでも栽培されているマメ科のキアイ（インド藍）と思われた。キアイのことをクメール語でトロムという。泥状になったものをモー、そして工程全体、つまり藍染めのことをクリャという。藍染めによる色は、濃い藍色はキエウチャ、淡い藍色をキエウクチェイと呼ぶ。黄色と重ねて緑色を、赤色と重ねて黒を染めていたという。

そして、ラックやプロフーなどの染め材は、織り手自身が染め液をつくり、括った糸を染めていたが、藍に関してだけは、それを専門とするところから買っていたらしい。藍染めは自然染料の染色のなかでも、特殊な準備と熟練した技術が必要だ。そのため、織り手たちの多くも、藍色の染めは村の藍染屋に出していたようだ。また、日本で一般的な「すくも」という乾燥した藍玉ではなく、沖縄の泥藍と同様の「泥状」の藍が壷に入れられて売られていたらしいこともわかった。

ところがである。その藍建ての村を見つけ出せずにいた。おばあの記憶違いだったのか。

じつは、行政区の変更に伴い、村の名前が変わっていた。ようやくたどり着いたのは、プノンペンから国道6A号線を北へ一〇キロほど行った、メコン河左岸にある小さな村だった。村びとに聞くと、たしかにこの村に藍を育てて泥藍にすることを生業にしていた家が何軒かあったという。しかし、それもひと昔以上前の話、今は誰もそんな仕事はしていなかった。それでも、かつて藍建てをやっていたという、七十五歳の男性が見つかり、話を聞けた。

幸いなことに、彼の記憶はしっかりしていた。わたしは半日ほどかけて、トロム（キアイ）を種から育てて、生葉のついた枝を収穫し、水につけて発酵させてモー（泥藍）を作るまでの全工程を聞き出すことができた。——キアイの種はトンレサップ湖岸にある、コンポントムの村から仕入れ、雨季になればメコン河の増水で水没する畑で十二月に種を播き、四か月後、一メートルほどに育った藍の木を収穫し、木製の二メートルほどの大きな桶のなかで発酵させたという。この藍を建てる大きな木の桶は、カンボジアでプラホックと呼ぶ魚の発酵食品を作るときに使われている桶と同じもの。カンボジアでは、一般的なものであった。十二時間浸した後で藍の木を取り出し、貝殻を焼いて作った石灰を加え、チェコーという、棒の先に板がついた道具で攪拌する。そして、透明になった上澄み液は桶の途中につけた栓を抜いて捨てていき、小さな桶に移し、さらに上澄み液を捨て、最後に残った液を地面に掘った穴に流し込み、一日置いて取り出す。これがモー（泥藍）である。それを壺に移して、乾燥させないように保存する。このとき、わたしが聞き取ったメモは、おそらくカンボジアの伝統的な藍建ての方法の唯一の記録であろう。

彼は自分でも藍染めをやっていて、残りのモーを売っていた。当時は、コンポントムやクラチェでも、藍建てが行なわれていたという。

その男性に、もう一度藍建てをする気はないかとたずねたところ、わたしはもう歳なので体力を使う藍建てはできないが、もし若い者がやりたいというなら教えてやってもいいという。そのときはぜひともお願いしたい、また来るから、と村をあとにした。だが、その後、忙しさにまぎれ何年も村を訪ねずにいた。思い立って村を訪ねたときには、彼はすでに亡くなっていた。

カンボジアの藍染めの記憶は、わたしの手元のメモだけになってしまった。

オンコーチェイ村、そしてタコー村へ

カンダール州での調査を終え、プノンペンで絹織物を扱う店でのインタビューを済ませたのは二月も末。懸案だったカンポット州のオンコーチェイ村へと向かう。プノンペンからは、国道3号線を約九〇キロ。タケオ州とカンポット州の州境の少し手前で脇道に入り、轍《わだち》の跡が残る道を進む。村のなかほどに小さな木造のお寺が見えた。お寺には村の年寄りが集まっていることが多い。この村では、かつては養蚕や織物をしていたが、いまは養蚕をする者もなく、織物をしているのは二人くらいだという。さっそく、その織物をしているおばあちゃんの家を訪ね、話を聞かせてもらう。

また、この村には三年前までラックを生産していた農家があるという。その家の前には、樹齢一〇〇年はあろうかという、大きなトランの木があった。この木をラックカイガラムシのホストツリー（寄生樹）として、ラックが生産されていた。

ここから一キロほど先の村にも織り手がいるという。そこがタコー（タカオ）村だった。六十八歳のおばあは、三年前までは六月から十一月の雨季の間に二、三キロの生糸を生産し、乾季には布を織って

きたという。桑の木は家のすぐ傍らにある。残っていた一キロほどの黄色い生糸を見せてもらった。タケオのサイワ・マーケットで、ベトナム製の黄色い生糸がキロ二二ドルで売られていることを話すと、糸は高く売れないと思っていたと驚いていた。ここは流通の外に置かれた地域なのかもしれない。村には、織物はやらないものの養蚕をやっていたという農家もあった。その生糸は米と交換されてきた。

タケオの織り手たちは、昔から使っていた黄色い生糸のよさを懐かしんでもいた。わずかな農地しか持たず、自分たちが食べる米にも事欠く暮らしのタコー村の村びとたちにとって、現金収入の手段としての養蚕にはわずかだが可能性が残されていた。先に話を聞いたオウ・モムさんも、生糸が売れるなら養蚕をもう一度やってもいい、と言っていた。

他の地域では、二十五年から四十年も前に養蚕をやめてしまったという村が多いなか、ここではつい最近まで養蚕が行なわれていた。養蚕について質問を重ねていくと、村びとはそれに答えながら、目の前に養蚕の道具を並べ始めた。東北タイのクメールスリンの村での養蚕を十年近く見てきたわたしが、共通するその道具の一つひとつを確かめる質問に答えるように。――桑の葉を畑で摘むときの肩にかける籠にはじまり、蚕を飼うための二メートルもある大きな平べったいザル。タイの村では見られなかった、蚕を天敵の蟻から守るための、ココヤシの殻でできた水を入れる器つきのザルを天井の梁から吊す道具。繭から生糸を引くための糸引き具、これも長い竹の棒がついたこの地方独特のかたちをしていた。そして、経糸を巻くための経巻具、綜絖《そうこう》を上下させるための滑車、緯糸を走らせる筒形をした杼（シャトル）、緯糸を打ち込むための筬《おさ》など。最後には分解されていた織り機まで出てきた。それを持ちだしてくる村びとも、どうだと言わんばかりにうれしそうだった。

並べられた養蚕の道具とタコー村の村びとともに

内戦の混乱を経てもなお、これだけの道具が残されていた。そして、これらの道具類がこの地域独自のかたちをしていることに、わたしは驚いた。

その極めつけは、日本で「まぶし」という、蚕がこれから繭をつくるときに入れる道具であった。これ、わたしは入れると書いたが、日本では程度の違いこそあれ、集繭の際に手間を省くことを考えた「入れる」構造になっている。ところがこの村で、村びとがわたしの目の前に持ってきた「まぶし」は違っていた。生葉がついたままの、二メートルほどの木の枝の束である。それを梁から吊るし、その葉の間に熟蚕を置いていく。葉と枝の間で、蚕は糸を吐き、繭をつくる。この生葉のついた枝の束は、枯れても葉が落ちない種類の木や竹を選ぶという。お蚕さんのために、かぎりなく自然に近い環境をしつらえてやるわけである。

これは、わたし個人にとってではなく、ユネスコにおけるカンボジアの伝統的絹織物調査としても、大きな発見であった。そして、それは間違いなく、残すべき技術であり、生かすべき「伝統」であった。

タコー村再訪

三月後半、三度目の現地調査でシェムリアップに向かった。今回は、バッタンバン州、バンティミエンチェイ州とシェムリアップ州の村を訪ねる予定である。

バッタンバン州のラタナモンドル郡の郡役場は、砲弾痕も生々しく、ビニルシートの仮屋根の下で事務作業が行なわれていた。バンティミエンチェイ州では、州都シソポンのUNDP（国連開発計画）の事務所を訪れたところ、わたしたちが訪ねる予定のプノムスロックの村に到る道で、昨日、国連機関の車に手榴弾が投げつけられたという。残念ながら、調査行は断念せざるを得なかった。

その日、シソポンからバッタンバンへの帰路、兵士たちが乗り込んだ何台もの政府軍のトラックとすれ違った。後で知ったのだが、一時間後そこは戦場となっていた。バッタンバン州とバンティミエンチェイ州にかけての一帯は、当時はまだポル・ポト派の活動が活発なエリアであり、調査は戦場と背中合わせのものだった。

シェムリアップでは、フランスのNGOが運営するシャンティクメールという団体を訪ねた。市場（プサールー）で織物を扱う店でのヒアリングでは、プノムスロックから仲買人を通じて布が届くことが確認できた。だが、村レベルでの織物の手がかりといえば、バイヨン寺院のなかで出会った六十七歳のおばあちゃんが、二十歳のときから織っていたという記憶くらいで、村での織物は確認できなかった。

＊＊＊

ユネスコの調査もほぼ終わりに近づき、報告書の取りまとめに着手する一方で、村で出会った年長の織り手たちの置かれた状況と、養蚕や織物の伝統が村から消えかけているカンボジアの現在の状況をなんとかできないものか、という気持ちがわたしのなかでふつふつと湧いてきた。——カンボジア国内での生糸生産は壊滅状態にあった。織物を続ける村びとたちは、ベトナムからの輸入生糸を使っていた。そのベトナム生糸は、九五年の調査当時一キロ七万リエル（約二八ドル）していた。だが、それは九四年には五万五〇〇〇リエル、九三年には四万リエルだったという。村の織り手から「これ以上、糸の値段が上がったら織りを続けていけなくなる」という声も聞かれた。伝統の織物の復活のためには、まずカンボジア産の生糸の生産、つまり養蚕の復活が急務であった。糸なくして、布は織れない。

五月、わたしはタコー村を再訪した。村びとのなかに「できるならまた養蚕をやりたい」という声があったからだ。自然の状態に限りなく近い状態で蚕を飼っていたタコー村の「伝統」を、もう一度甦らせることはできるのだろうか。タコー村の村びとたちに養蚕を再開する気が本当にあるのかどうか、わたしはそれを確かめたかった。

集まった何人かの村びとたちと、わたしは話し合った。彼らとの話は、養蚕を再開したいという方向に進んでいった。

「この村には、とりあえず養蚕を再開するのに必要なだけの桑の木が、わずかだがまだある。そして、三年前まで養蚕をやっていたという人がいる」

「やりたいが、かんじんの蚕がいなくなっている」

「それなら、わたしが運んでくるから」

何十年も前に養蚕をやめてしまった村だったら、まったくゼロの状態から手取り足取り教え込むことになるだろう。だが、ここには経験者がいる。村びとたち自身が、「これは、こうやっていたんだよな」と過去の経験を思い出しながら、養蚕を再開できる環境がここにある。それこそが、伝統の復活であろう。十年来のつきあいになる、東北タイのクメールスリンの村から蚕の卵を譲り受けることはそんなに難しい話ではないし、それをわたしがここまで運べばいい、と心積りした。村のなかに数粒残っていた蚕の古い繭をひとつ譲り受け、東北タイのカンボジア国境に近いウボンの村に持っていったところ、それが現在も村のなかで細々と使われている在来種（カンボウジュ種）の繭とほぼ同じものだと判断できた。

ベトナム・メコンデルタへ

ユネスコの調査を終えた八月上旬、わたしはベトナムのホーチミンから、バスとフェリーを乗り継ぎ、アンザン省の省都ロンスエンにいた。明朝、カンボジア国境にほど近いチャウドックへと向かう。じつは、ベトナムに関する特集を企画した「別冊宝島」編集部から、メコンデルタにあるチャムの織物の村を取材してみないかという依頼を受けていた。

ユネスコの調査を行なううちに、たとえばサンポットホールというシルクの絣布にしても、クメール系カンボジア人の手によるものとチャム系カンボジア人の手によるものには、あきらかな違いがあることを知った。また、コンポンチャムでの聞き取り調査のなかで、チャムの村とマレーシアとの間で人と物の行き来があり、布を媒介とした国境を越えたチャム同士のネットワークがあることがわかった。そして、確証はないものの、カンボジアの伝統的な織物制作におけるチャムの人びとの存在は、無視できないものだという気がしてきた。

カンボジアやベトナムという国家が生まれるよりはるか昔、インドシナ半島の中西部、南シナ海に面した海岸部にはチャンパという王国が存在した。二世紀末に興り、十七世紀半ばに衰退するまでの長きにわたり、南インドと東アジアを結ぶ海のシルクロードの交易国家として栄えたチャンパ王国の担い手の中心にいたのがチャムの人たちであった。チャンパ王国は、南下するベトナム（キン族）や隣国クメールとの興亡を繰り返しながら弱体化し、国が滅びた後、その末裔たちは、一部がベトナム国内に留まるものの、マレーシア、カンボジア、タイ、海南島（中国）など、東南アジア各地に離散していった。

ベトナムには、多数派のキン族以外に五十三の少数民族があるとされている（九五年の時点で）。そのなかでチャム族としてのアイデンティティを持つ者は、およそ八万人。その多くは、ベトナム中部のトゥアンハイ省と、メコンデルタのアンザン省に集中している。トゥアンハイ省に暮らすチャム族のおよそ三分の二はヒンドゥー教徒（ブラーマニズム信奉）、残りはチャム・バニと呼ばれる土着化したムスリムである。一方、アンザン省に暮らす約一万五〇〇〇のチャム族は、スンニ派のムスリムで、チャウドック周辺に集中している。

ロンスエンからチャウドックに向かうにつれて、周囲には地面に直接建てられたベトナム式の家に交じって、高床式の住居が目につくようになった。高床式といっても高さ一メートルほどのものだが、それは少なくともこの地域にキン族とは異なる生活様式が残されていることを物語る。道行くオートバイや車の数も多く、ホーチミンやカントーとの間を行き来する屋根にまで荷物を満載した長距離バスともすれ違う。チャウドックは、思っていた以上に大きな町だった。タイの農村部の郡庁所在地クラスの町よりも、店の数も店頭の品数も多い。カンボジアであれば、さしずめ州都クラスであろうか。メコンデルタのなかでも、交易の要所として古くから発展してきたことを思わせる。まさに〝メコンの恵み〟で栄える町といえよう。

カンボジアとの国境まであと数キロ、町はハウジャン(後河)またはソンハウと呼ばれる大きな川に面して広がる。これはメコン河の支流のひとつで、カンボジアではバサック川と呼ばれている。ハウジャンの対岸にモスクがあると聞き、町のはずれにあるフェリー乗り場から対岸の町ジャオザンに渡る。川幅は広く、五〇〇メートルはあろうか。フェリーは、ちょうど車一台が乗る大きさで、あとはオートバイが五、六台と十五人ほどの乗客でいっぱいだ。向こう岸に着くと、ペアと呼ばれる白い帽子姿の男たちが、船着き場の茶店で談笑しているのが目に入った。古いモスクが見える。道路沿いにはベトナム人や中国系の家に交じって、木造の高床式の家が並んでいる。カンボジアのチャムの村で見かけたものとまったく同じ造りで、入り口は小さく、梯子のような階段がついている。何軒かの古い家には、独特の幾何学模様の装飾が施されていた。

ジャオザンの町からさらに一七キロほどで、メコン河の本流に面するタンジャオの町に着いた。ここまでの間にも、チャム・ムスリムと思われる村が点在し、モスクがあった。とはいえ、ムスリムだけの村ではなく、ベトナム人と中国系の人たちが混住した集落である。

高床式の家の梯子のところに腰かけ、道行く人を眺めていた小柄なおばあちゃんに声をかけてみた。よそ者のわたしたちに、彼女は「カンボジアからきたムスリムかい?」とたずねた。わたしに同行した、英語・ベトナム語・クメール語を解する青年が、カンボジアからきたと言ったからである。そのおばあち

チャム・ムスリムの女性に織った布を見せてもらう

ゃんが、奥にいた家の主に引き合わせてくれた。

彼に連れられて訪れた村の一角は、ちょうど京都の西陣の路地裏にでも迷い込んだような雰囲気だった。織り機のカタン、カタンというシャトル（杼）を飛ばす音があちこちの家から聞こえてくる。高床式のそれぞれの家の階下には二台か三台の織り機が並び、木綿のサロンやクロマーが若い織り手によって織られていた。この村には、カンボジアなどで使われているような伝統的な織り機ではなく、一〇〇年ほど前に現在のフライングシャトル式の織り機に替わったとのことであった。四〇〇家族が暮らすこの村のなかに、現在は一〇〇台ほどの織り機があるという。

チャム語で「カントゥアン」という紋織り総柄の絹布を織っているというので、その布を見せてもらった。カンボジアでは、ラバックと呼んでいる。それを見て驚いた。まったく同じ柄、同じ配色の古布を、プノンペンの市場で買い求めていたからだ。緻密に織られたその細かい花柄のジャガード織りの布を見たとき、とても魅かれた一枚だった。高価な布を織っているからなのか、十三枚綜絖の足踏み式のその織り機は、高床式の家の中に据えられていた。このカントゥアンを織れる女性は、村にわずか八人。チャム語で「カンカッ」と呼ばれる絣布は、チャムの女性たちが祭りや結婚式のときに着用する伝統的な布である。カンボジアでは、サンポットホールという。花柄と幾何学模様を組み合わせた柄のものが多い。これと同じ系統のものを、東北タイのクメール系の村びとも織っている。

この村では、普段着のサロンも織られている。経糸緯糸ともに、シルクと木綿を交互に織り込んだ縞柄のサロンである。これはイスラームの教えにより、純絹の布の着用を禁じている敬虔なムスリムのためのものだ。使われている生糸は、ホーチミンの北東部、避暑地として知られるダラットの手前の山間部バオロックで生産されたものだという。カンボジアのチャムの村では見かけなかった、絣の技術を使った波模様のサロンも織られていた。織り上がったサロンは、仲買人を通じてカンボジアやベトナム、そしてマレーシアのムスリムへ販売されている。

村に暮らすある男性は、カンボジアのカンダール州のメコン河沿いの村から四十年前に、この村に婿入りした。父系原理が優先されるイスラームの教えと異なり、チャム社会の母系制に基づく母方居住である。彼と一緒に暮らしている末娘の結婚式の写真を見せてもらった。新郎新婦は、アラブの王様と王妃のような盛装である。参列者の何人かは、伝統的なカンカッの腰巻きをしていた。アオザイを着ている人もいるが、多くはマレー系の服装である。この村で出会った布の行商人は、プノンペン近郊のムスリムの村からやってきていた。彼は、若いころコンポンチャムの村で暮らしていたが、その後このチャウドックの村に移り、今はまたカンボジアで暮らしているのだという。

メコンデルタから、メコン河を遡上し、プノンペン、コンポンチャム、そしてその支流のムーン川周辺に暮らす東北タイの人びと――ベトナム、カンボジア、タイ、ラオス、それぞれの地で暮らしながらも、メコンの流れと絣の布によって古くから人びとがつながっていることを実感した。

3

甦る黄金の繭

村に届けられた繭を前に喜ぶタコー村の女性たち

村に卵を運ぶ

タイ東北部にあるウボン、正式にはウボンラーチャターニーという。ラオスとカンボジアに接するタイ最東端の県であり、その県庁所在地でもある。

一九九五年七月下旬、NGOケアータイランドのウボン事務所のスタッフから、「村の蚕が卵を生み始めた」と連絡が入った。その一か月ほど前、ウボンの教育大学で、ケアータイランド主催の、織物をしている村びとのためのマーケティングセミナーが開かれた。それに招かれたわたしは、ウボンの村びとたちに事情を説明し、蚕の卵を譲ってもらえないだろうかと相談した。蚕蛾が卵を産んでから孵化するまでには、六日間ほどかかる。その間に、カンボジアへ卵を運ぼうと目論んでいた。

が、わたしの仕事の都合ですぐには出かけられず、ウボンに到着したのは連絡を受けてから三日後の二十七日だった。紙の上に生みつけられた白い卵はすでに黒ずみ、孵化間近であることが見て取れた。バンコクに向けて約六〇〇キロの道のりを走りだろうとしたときには、助手席の卵はすでに孵化を始め、生まれたばかりのわずか二ミリほどの蚕の幼虫は、紙の上でうごめき始めていた。今日はまだ餌をやらなくてもいいから、という言葉を背にウボンの町を出発したが、車を走らせながらも蚕の餌のことが気になっていた。

ウボンから約二〇〇キロ、スリン県のサンカ郡にさしかかったところで、ちょうど高床式の農家の庭先に、ひゅんと伸びた桑の木独特の影が見えた。車を慌てて止め、その農家まで戻った。その家の主に、孵化した蚕を見せながら、桑の葉をもらえないかと頼みこむ。階段を下りてきたその家のおばあさんは、わたしが手にした箱の中でうごめく幼虫をちらっと見て、家の横手にある桑畑から一摑みの桑の葉を手に戻ってきた。そのころには近くの家の人も、何ごとかと集まり始めてきた。蚕の幼虫を前に、集まった村びとはいろいろ質問し始めた。これをカンボジアに運んで、養蚕のとだえてしまった村に届けるのだと説明すると「カンボジアのどこの村だ」とたずねてくる。わたしが、カンポットの村だと答えると、村びと同士で、クメール語で何か言い合っている。このあたりの村はクメール語が生活言語だが、みなタイ語とのバイリンガルである。手際よく桑の葉を小さく刻み、うごめく蚕の上に振りかけていく。わたしが向こうの村に着くのは明後日になると話すと、その間に必要な桑の葉と、動き出した幼虫を払い出すための鶏の羽を用意してくれた。通りすがりの見ず知らずの者にこんなに親切にしてくれる村びとに、頭がさがる。ていねいにお礼を言って村をあとにする。

翌二十八日、バンコクからプノンペンへ。サークラインの蛍光灯が入っていた空箱に幼虫のついた紙をそっと収め、ケーキを運ぶような具合で空港へ向かう。飛行機は、二時間遅れでプノンペンの空港に到着した。プノンペンのホテルでは、蟻やヤモリに襲われないように、皿の上に水を張り、そこにコップを立て、その上に箱を置いた。

翌朝、日本電波ニュースの望月健駐在員とホテルで合流。昨夜、村に蚕の卵を運ぶことを電話で伝えると、取材を兼ねてということで四輪駆動の車を手配してくれた。感謝。さっそくタコー村へ向けて出発する。国道3号線を南に約九〇キロ、それからさらにぬかるみの道を十三キロ。そこは牛車や馬車があたり前の世界、轍《わだち》は深く、車にはきつい道。

七月二十九日、ようやく卵は村に到着した。めざすオウ・モムさんの家に向かう。彼女は三年前まで、養蚕を続けていた。カンボジアの多くの村で、二十五年から四十年前に養蚕をやめてしまっていたことを考えると、その経験は貴重である。そして、この村には伝統的な養蚕の道具が完全に残されている。

待ちに待った蚕の卵である。集まってきた村びとたちが、嬉々としているのが感じ取れる。さっそく、飼育のための二メートルほどの竹のザルが出てきた。虫除けの薬草をザルに擦りつける人、桑の葉を刻む人、天井の梁からザルを吊り下げるための道具の埃を払い、組み立てる人。またたく間に、手際よく準備が進められていく。それを目の当たりにして、この村には養蚕の伝統が生きている、この村を選んでよかったと、しばし感慨にふける。蚕は、順調に育てば、九月のはじめには繭になる。

蚕の死滅

「ウッ」、しばらく声が出なかった。もちろん、最悪のケースをも想定しての、タイからの卵の搬送であったのだが。

昨夜、遅くに帰宅したわたしの机の上に、カンボジアから電話があったとのメッセージが残されていた。ザイトウ。

今朝、プノンペンの斉藤之弥氏に電話を入れてみた。携帯電話なのでノイズが入る。電話の向こうで「……九〇パーセント」と聞こえるが、よく聞き取れない。続く彼の声。「死んだようです」。「蚕ですか」とわたしは念を押した。頭のなかで、事情を整理する。本当にうれしそうにしていたタコー村のおばあちゃんたち。梁に吊り下げられた蚕の入ったザル。途中立ち寄った、桑の葉を用意してくれたスリンの村びとたち。蚕の卵を用意してくれたウボンの村びとと、ケアータイランドのウボン事務所のスタッフ、それぞれの顔が浮かぶ。

「でも、一〇パーセントは残っているんですね」わたしは念を押した。「ええ」。いつもていねいな斉藤氏の声が、わたしのことを気遣ってか、さらにていねいに聞こえる。

斉藤氏は、プノンペンにあるRD&RP／JICE事務所に、JICE（日本国際協力センター）から派遣されたアシスタント・プロジェクトマネージャーである。RD&RPのプロジェクトは「三角協力プロジェクト」と呼ばれ、カンボジアのUNDP（国連開発計画）から受託実施されている。日本からは、JICA（特殊法人国際協力事業団、現在の独立行政法人国際協力機構）の専門家や青年海外協力隊隊員、そしてインドネシア、タイ、フィリピン、マレーシアからも、それぞれの専門家が派遣され、カンボジア人のスタッフとともに、カンボジア復興のための各種プログラムを実施している。そのプロジェクトのひとつに、果樹（有用樹）の栽培・配布プロジェクトがあった。

わたしは、カンボジアでの養蚕振興の必要性と、そのためにはまず蚕の餌となる桑の木の栽培が必要なことなどを事務所で話させていただいた。プロジェクトマネージャーの藤田多佳夫氏は、たいへん関心を示され、さっそくカンポットの村に出向いて桑の苗木を採取した。プノンペンの藤田氏の自宅の敷地のすみに挿されたその苗は、約二か月後には平均六〇センチにまで伸びている。RD&RPでも苗木を大量に準備し、その苗をタケオの村に配布し、ゆくゆくは養蚕の振興に貢献する計画が動き始めた。その苗木の準備のために、カンポットの村にスタッフが行くことになっていた。それが昨日のことで、三日前に届けた蚕の九〇パーセントが死んでいることが判明したという。死んだ原因はよくわからない。チエンマイにいる元JICAの養蚕専門家、山川一弘氏に電話してみる。

「多化性の在来種の蚕は強いはずだけど」と山川氏。移動中のストレスが原因だったのかと、ウボンからバンコクへ車で移動し、その後プノンペンまで空路で運んだことを説明する。

「農薬かな。蚕は農薬にたいへん弱い。それとタバコ。でも、タバコだと二、三時間で死んでしまうし、見てみないとわからないが」と、考えられる可能性について説明を受けた。

このあと、八月五日には最後に残っていた蚕も死亡。残念ながら、搬送した蚕は全滅してしまった。十四日にタコー村を訪ね、蚕が死滅した原因と今後の対応について村びとたちと話し合った。彼らの養蚕再開に対する期待は大きく、何とか成功させたい。

甦る村の知恵

九月に入り、わたしは東北タイのスリン県の村に電話を入れた。村の蚕が繭を作り始めたかどうかを確認するためである。前回、卵の状態で届けて失敗したため、今度は繭の状態で届けることにした。九月七日、長年のつきあいになるクメールスリンの村から一キロの繭を譲り受けた。竹製の手提げの買い物籠に入れ、八日には空路プノンペンへ。その手荷物を見たバンコク・ドーンムアン空港の係官は、養蚕再開のためにカンボジアまで運ぶんだと説明すると、X線チェックをせずに通してくれた。おおらかな時代であった。そして九日には、繭は無事タコー村に到着。十一日には、繭から蚕蛾が出始め、十三日ごろまでには、すべての雌蛾が産卵を終えたことを確かめて、わたしはプノンペンをあとにした。

十月のはじめ、わたしは再びタコー村を訪ねた。蚕が無事に育っているか、必要なだけの桑の葉が確保できているのか、蚕の飼育床となる竹ザルは足りているのか、いくつか気になることがあった。

当初、タコー村の養蚕グループに名乗りをあげたのは、二十家族だった。その後、徐々に増えて、

蚕の成長とともに、手の記憶も甦ってきた

三十五家族になった。そのうち、養蚕の経験があるのは十家族だけである。届けた繭を、村のなかの集落ごとに三つに分け、まずは経験のあるそれぞれのリーダーの家で飼うことにした。それぞれの家では、直径二メートルほどの大きな竹ザルが三枚、高床式の家の中に三段重ねになって、梁からぶら下がっている。いちばん上には、魔除けのタロイモの葉が括りつけられ、その下にはヤシの殻でできたアリ除けの役割をする水の入った容器がある。すでに二齢になった蚕は二センチほどになり、新しいザルに分散してやらなければならない。蚕の成長に伴い、竹ザルはこれまでの数倍必要になってくる。その作り手も、村びとのなかから、名乗りを上げてくれた。

村のなかには、桑の木が九十二本しかないから、桑の葉も足りなくなる。昔、養蚕をやっていた地域だから、周辺の村にも桑の木が残っている。そこから桑の葉を譲り受け、その記録をつけてあとから桑代を精算することを提案。また、今後のために桑の苗木づくりも準備することを勧めた。

蚕が育ち、桑の葉の必要性を目の当たりにした村びとたちは、少しずつ動き始めていた。桑の葉を集めるための深めの竹籠を編んでいる若い女性がいた。村の年寄りに教わって、編み始めたという。蚕を前にして、村びとたちの昔からの生活の知恵がひとつずつ甦っている。わたしの心配は杞憂だった。

受け継がれる技術

十月十八日、スリンの村の蚕が繭を作り始めたことを確認したわたしは、急いで飛行機の予約を取り、プノンペンへと向かった。タコー村への道は、雨の多いこの季節には難儀である。灌漑施設がないため、田に水を引くために道路が切断され、川のようになっている。それでも今回のパジェロのドライバーは、慣れたもので、右に左にと進路を変えながら進んでいく。

めざすポゥンさんの家が見えてきた。彼は、養蚕の再開に積極的に協力してくれ、村びとのまとめ役を買って出てくれた人である。奥さんのレウンさんは、養蚕の経験があり、織り手でもあった。顔見知りになった村びとや子どもたちが、わたしたちの車を見つけて集まってきた。せかされるように、家に向かう。高床式の階下では、すでに二組が糸を引いていた。さらに家の裏手でも一組が糸を引いている。日本でいうところの「座繰り」である。

火にかけられた黒光りする素焼きの壺は、東北タイの村びとが使っているものより、ひとまわり大きい。煮立った湯のなかに、繭を入れる人。先が二股になった細長いヘラを器用に繰りながら、ほぐれた繭から糸を引き出し、小さな竹製のドラムを使って糸を撚りながら、糸巻き具に取り込んでいく人。糸を引いた後のサナギを取り出す人。三人一組、皆の顔は嬉々としている。取り巻く子どもたちは、茹でたサナギをおやつにする。二階の部屋から、繭を降ろしてきて、陽に当てている人もいる。それぞれが忙しそうに動き回っている。

ポゥンさんが監督よろしく、自家製の巻き煙草を手に、皆の仕事の流れを追いかけている。わたしの顔を見つけて、うれしそうに笑っている。やったぞ、と言いたげである。ああ、やっと実現した。カンボジア伝統の養蚕技術をなんとか復活できないものかと考え、タコー村の彼らと話し合いを始めてから半年。ちょうど養蚕の可能な雨季が始まるところだった。桑はある、道具もある、あとは蚕。同じ在来種を育てている東北タイの村からの搬送は、一度は失敗した。そして二度目。ようやく、カンボジアの村で引かれた熱帯種の黄色い生糸が甦った。

増水して小川のようになってしまった道を渡り、第二グループのリーダー、ヒムさんの家に向かう。階下では二組が糸を引いていた。糸を引いている女性がわたしに、「お前が、わたしに殺生をたくさんさせたんだから」と言いながら、笑っている。仏教の戒律には、殺生を戒める教えがある。それゆえ、養蚕を嫌がる村びともいた。しかし、養蚕は無意味な殺生ではない。そのことで繭も生かされ、村びとも生かされるのではないか、そんな話し合いを村びとと重ねたうえで、ここまでやってきた。——このことが、後日「伝統の森」で蚕を飼い始めたときに、蚕供養を思いつくきっかけにもなった。

三番目のグループ、ここでは三十四歳のモク・ベエットさんが糸を引いていた。彼がこのグループのリーダーである。子どものころに母親から仕込まれたといって、男性ながら織物もこなす。六十四歳になる彼の母親は、横でニコニコと笑っている。なかなかしっかりした感じの女性である。彼女が、このグループの本当のリーダーなのだろう。二組に分かれ交代で糸を引くメンバーの女性たちのなかには、若い女性もいる。少しぎこちない手つきで引く糸はすぐに切れてしまう。年配の女性がすかさず助け船を出す。わずかに生き残った伝統の技術が、目の前で若い世代に引き継がれようとしている。

おばあちゃんが二人、できあがったばかりの糸の束をしげしげと見ながら何か話している。久しぶりに見る熱帯種の黄色い生糸を懐かしく見ながら、糸の引き方とでき具合いについての批評をしているようである。そして、糸を引いている女性に何かアドバイスをしている。みんなが手を合わせながら、技を磨く。これは村の生活学校である。

干された生糸の束を前に、ひとりの老婆が話しかけてきた。

「これで、お米を売ることでしか得られなかった現金が、生糸をつくることで得られるようになる。残りわずかな米を売らなくてもよくなったんだね」

それを聞いて、わたしもうれしかった。一緒にグループを回ってくれたポゥンさんは、あと二日あれば、糸はすべて引き終わるという。三日後に来るので、そのときは養蚕グループ全員に集まってもらうよう、ポゥンさんに頼んで村をあとにした。

伝統的養蚕

カンボジアやタイで伝統的に飼われてきた、日本でカンボウジュ種と呼ばれる熱帯種の蚕は、鮮やかな黄金色の繭をつくる。

その繭の大きさは、日本の品種改良されたものと比較すると、かなり小さい。大きさは半分もない。

ひとつの繭から取れる糸の長さはカンボジアのもので約三〇〇メートル、日本のものは約一五〇〇メートルになる。生糸の生産性という観点からすれば比較にならない。だが、在来種ゆえに病害に対して丈夫で、この地の気候に適している。

日本の蚕は、卵の状態で休眠して年に一度か二度孵化する（これを、一化性あるいは二化性という）。一方、カンボウジュ種は多化性で、休眠することなく産卵と孵化を続ける。蚕の一生はおよそ四十五日。つまり、年に七回から八回の孵化を繰り返し、自家繁殖する。

一年を通して蚕が飼えるといっても、桑の葉の収量が少なくなる乾季には種の保存のために蚕を飼い、桑の木がぐんぐん育つ雨季を中心に繭を生産する。その繭から引かれる生糸を貯めておき、農作業がほとんどなくなる乾季に村びとは織りに励んできた。

カンボジアの村では、村びとが自分で繭から糸を引き、その糸を販売する。あるいは、その糸を使って布を織る。日本の養蚕農家のように、農家の仕事は繭を生産するところまでで、それを製糸工場に出荷するという、明治以来進められてきた近代的な養蚕経営とは大きく異なる。

生産規模や効率を考えれば、それは非効率なことかもしれない。しかし、それは製糸工場を中心に考えたときのこと。そのような近代的な養蚕とあえて区別するために、村での養蚕を、わたしは「伝統的養蚕」と呼んでいる。

最初の一歩

十月二十四日、再びプノンペンからタコー村に向かう。

ポゥンさんの家には、すでに二十人ほどの村びとが集まり、わたしの到着を待っていた。糸が運び込まれてくる。糸を量るために、プノンペンの市場で秤を買ってきた。まず、ポゥンさんのグループの糸を量る。二五六〇グラム、思っていたより少ない。三キロはあると思っていた。他の二つのグループの糸と合わせて六八六〇グラム。一般に、一〇キロの繭から引ける生糸がだいたい一キロになるので、約七〇キロの繭が生産されたことになる。また、約一五三〇キロの桑の葉を消費したという。桑の葉は、約二割を村の中で賄い、あとは周辺の村から譲りうけた。第三のグループだけが、細、中、太、と三種類のグレードに糸を引き分けていた。第一と第二グループは中間のグレードだけである。全体に糸の感じが少し粗い。繭屑も糸に引っかかっている。生糸の束に目をやりながら、はじめて糸を引いた村びとのものも混ざっているからやむを得ないが、次はもっとていねいに、質のいいものを引けるようにしたほうがよいと話をする。村びとも、次回はもっとよいものができると、自信ありげである。

わたしは、村びとに「今回は、二年ぶりに皆が協力して養蚕を再開できた。量も質もまだこれからだが、最初の一歩はすでに動き始めた。今後は、それぞれのメンバーの努力で量や質を上げていくこと」と説明した。

「次は、今回の倍の量を生産したい」と、第二グループのリーダーが言う。

「はじめてだったが、少し自信がでてきた」と発言した女性もいた。リーダーのポゥンさんは、「これで村の伝統が甦り、若い世代に引き継いでいくことができるようになった」と、集まってきた村びとに強調していた。

糸をどうするか、という話になった。村の女性たちは、この糸で織りたいという。しかし、実際に織りの経験のある村びとは三十五家族のなかで十二人。織ったことのない女性たちは、織れる人から学びたいという。織れるようになりたい、みんなの顔は真剣である。稲刈りの終わった一月から雨季の始まる六月までの乾季の間、他に女たちのする副業はない。

ひとりの女性から、絣を織れるようになりたいので、先生を見つけてきてくれないか、という意見が出た。この村で織られていたのは、サロンやクロマーという格子柄の布が中心で、ラバックという総柄の紋織の布を織れる女性がひとりだけいた。織りをするなら、昔のように草木で染めてみないかと持ちかけてみた。わたしがタイから持参した草木染めの色見本に、皆が見入っている。この村には、野生化したキアイの木もあった。村びとにとってみれば当たり前の材料で、きれいな色が染まる。ココヤシの殻やバナナの葉など、村びとにとってみれば当たり前の材料で、きれいな色が染まる。この村には、野生化したキアイの木もあった。二十五年ほど前までには、藍染めをやっていた人がいたらしい。ポゥンさんも染めたことがあるという。であるなら、みんなで藍染めをやるのもいい。思いは広がる。

さて、糸代を支払う段になった。村びとからは、わたしが前回提示した金額より高い金額で買ってほしいという申し入れがあった。当時、プノンペンでの生糸の市場価格は、キロあたり二四〜二九ドルだった。しかし、この村の場合は、生産者価格であることを説明し、二〇〜二五ドルを買取価格として提示した。近い将来、このグループが生産協同組合のようになっていってほしい。そのためにも、市場価格に対しては若干の経費と運送費などを見越した価格差を持っていなければならないと説明すると、同意を得ることができた。

養蚕を始めるにあたって準備した道具類の経費を村びとが負担すると、利益が残らなくなるので、わたしに立て替えてほしいという要望もあった。次回の生糸代の支払いのときに精算することとして、わたしからの貸付金とした。わたしの予算が限られていることもあったが、結果的に村びとたちの自助努力を促すかたちとなり、よい方向でスタートできたと思えた。

新たなステップに向けて

十二月に入り、わたしはタコー村を訪れた。そろそろ二回目の生糸生産予定日である。雨季はすでに明け、すでに刈り取りを終えた田んぼもある。ぬかるまなくなった分、村への道はスタックしそうな深い砂地に変わっていた。

養蚕グループのリーダーのポゥンさんの家に着く。いやに静かだ。ふといやな予感がよぎった。いくら丈夫な在来種とはいえ、蚕は生き物である。しかし、二階の蚕室兼寝室に上がって、そんなわたしの不安はふっとんだ。たくさんの竹の枝葉の束が天井の梁からぶら下がり、前回の数倍の量の繭が竹の生葉に包まれるように輝いている。ポゥンさんが、もう一軒隣の家に引っ張っていった。その家の二階に上がってまた驚いた。そこでも、竹の生葉の束のなかで、無数の黄色の繭が輝いていた。彼いわく、前回の倍は堅い。そうだろう。これだけの生産量だ、桑の葉は足りているのだろうかと心配になる。ポゥンさんは、心配いらないの一言である。それを信じるしかない。今回は、蚕が繭を作るタイミングにばらつきが出てきて、すでに糸が引ける状態のものから、まだ繭になる前のものまである。すべての糸を引き終わるころに、また来る約束をして、それぞれのグループの蚕室になっている農家を訪ねたのち村をあとにした。

十二月二十五日、再びタコー村に向かった。今回は、ＴＢＳバンコク支局長の中井敏之氏とビデオカメラが同行する。バンコクを拠点に活動する映像ジャーナリスト兼コーディネイターの唐崎正臣氏の尽力で、現地レポートが実現した（そのときの映像は一九九六年一月八日放送のTBS「ニュースの森」で紹介された）。村では、村長のサロゥンさんも待っていてくれた。彼は、この養蚕再開プロジェクトに好意的で、タコー村の上級行政組織にあたるコンミュウン（地区）の会議にこのプロジェクトの件を諮ってくれたうえ、地区長の了解もとってくれた。まったく草の根的に、村の養蚕グループとわたし個人の共同作業として始まったこのプロジェクトは、地域でも公認のプロジェクトに成長した。

ポゥンさんの家には、すでに繰糸の終わった糸が束ねられ、大切そうに大きな布にくるまれていた。他の二つのグループの糸も持ち込まれてきた。前回の三倍はある。みんなの顔が自然とほころぶ。

しかし、すかさずメンバーから、再び生糸の買取価格を上げてほしいという提案が出された。村で暮らす、わたしのスタッフであるサリット君から報告を受けていたので、わたしもそのことをクリアしたいと思っていた。

わたしは、目の前の生糸の山を前にして「どうして値段を上げてほしいのか、その理由を知りたい」と切り出してみた。生糸の値段は、すでに村びととの話し合いで合意したものであった。第二グループのリーダー格の女性が説明を始めた。前回、皆が手分けして朝早くから夕方まで、お蚕さんの世話をしたが、その結果得られたお金はわずかで、とても自分たちが費やした時間と見合うものではなかった、と。

それに対してわたしは、「まず、生糸の市場での価格がある。市場価格よりわたしが高く買うと、皆が自分で生糸を市場に売りたいと考えたときに売れなくなってしまう。それでは、養蚕で自立することはできない」「前回、皆が忙しくお蚕さんの世話をしていたのも知っている。でも、まったくはじめての人もたくさん混じっていたから、段取りも悪く余分に手間がかかっていたはずだ。それに、前回は養蚕を再開することと、新しいメンバーがそれに慣れることに意味があったので利益はまだ考えられないのでは」と問いかけてみた。「前回より、今回のほうがたくさんできているはずだし、慣れてきて少しスムーズにもなったのではないか。そして来年はもっと生産量も上げていけるはずだから、そのときには利益も見ていけるのではないか」と補足もした。何人かの村びとはうなずいてくれた。

別の話も交えながら、話し合いを続けた。ある村びとは「桑の葉を取りに行くのに、朝出かけて帰ってくるのは夕方になる」という。「いったいどこにあるんだ」とたずねると、二〇キロも離れた隣の村の畑だという。家の横の空き地、畑のまわり、畦道の横に植えること、それはなるべく手間を減らすためでもあるのだと説明した。身近なところに桑の木を植えることの意味を、実際に養蚕を始めて、村びとたちもようやくわかってくれたようだ。

ひととおり、みんなの意見が出終わったのを見計らい、わたしはひとつの提案をした。

「今後、村びとが自立していくためには、生糸の値段は上げられない。しかし、みんなが養蚕の再開に取り組み、今回これだけの生糸がつくれるまでになった。その努力を奨励する意味で、今回メンバーに一人あたり五ドルの奨励金を別に支払う用意がある。そのかわり、来年はそれぞれの家でこれくらいの量ができるようにめざしていかないか、そしてそれも可能なはず」と。もちろん、そのためにはもっと桑の木を増やしていかなければならないが。

わたしの提案に、村長、ポゥンさん、そして各グループのリーダーが話の輪から抜け出し、家の横手に集まり車座になって会議を始めた。

タコー村の養蚕グループのメンバーと、生糸の束を前にして

村のリーダーたちの真剣な表情のミーティングは、一時間ほど続いた。わたしは試験の結果を待つ生徒の気分である。ようやく話し合いが終わり、戻ってきたポゥンさんの目を見ながら、OKかどうかたずねた。「OK」。ホッとした。提案は受け入れられ、ひとつのハードルを超えることができた。成り行きを見守っていた、村びとたちもうれしそうだ。これで、このプロジェクトは来年に向けて進んでいける。奨励金を出すことで、村びとの気持ちに励みを与えていければそれでよいと、今日、ここに来る道すがら考えてきたことだった。

実際のところ、奨励金の額も一〇ドルか五ドル、どのくらいがいいか迷っていた。日本人からみれば少ない金額ではあるけれど、カンボジアの村びとからすれば少なくもない。わたしは迷った末に、五ドルを選んだ。これは、日本人的にいえば「気持ち」である。ならば、今後のために少ないほうがよい。この村で、子どもも手伝って家族四人で山に薪拾いにでかけ、小さな束にして市場に売りに行く。一週間でだいたい七十束、その売り上げが七〇〇〇リエル＝二・八ドルである。そんな副業をしている家族も多い。市場で米を買えばキロ六〇〇リエル、五ドルで約二〇キロの米が買える。

こうして、生糸の買取価格をめぐる話し合いは終わった。本当は、生糸で買い取るよりも、布として織り上がったものを買うほうがいい。しかし、それではあと二、三か月先になる。村びとにそんな余裕はない。今は、とりあえずわたしが買い取るかたちで、みんなの手元に現金が入ることが大切である。そのための買い取りである。

ゆっくりと、生糸の束を秤に乗せる。村びとの目は秤の目盛りに釘づけである。第一グループ、六二二〇グラム。第二グループ、五五三〇グラム。第三グループ、三五八〇グラム。全部で一万五三三〇グラム。わたしが親指を立て、いいぞというサインをすると、みんなの顔がほころぶ。今回の糸代は、しめて九一万八六八八・五リエル。それに奨励金が一人あたり五ドルで、四四万六二五〇リエル。合計一三六万四九三八・五リエル、メンバー一人あたり、平均して三万八九九八リエル（約一五ドル）となる。

支払いを終えて、皆とこれからの予定を話し合った。すると、乾季の間は桑の木の成長も遅く、蚕をたくさん飼育できないから織りをやりたい、という意見が何人かの若い女性たちから出てきた。この村には織物の経験者がいる。彼女たちを先生にして、織物研修をやるのもいい。そのための予算をみつけてこなくてはならない。この村では、サロンやクロマーなどが織られている。わたしが他の村で織られている絣の写真を見せるものだから、これを織れるようになりたいと話は盛り上がる。乾季の盛りを過ぎて、養蚕が本格的になる六月までは、織りを中心としたプログラムを考えていくのもいい。

もうひとつ考えているのは、井戸掘りである。この村では、村のなかに三か所ほどある小な溜池を生活用水として使っている。しかし、その水は濁っており、健康のことを考えても、井戸は必要であるし、水があれば野菜も作れる。桑の木にも水遣りをすることで、乾季にも養蚕ができる可能性も出てくる。そして、トイレ。何年かして、村の家にもトイレができるようになればいいと思う。こうしたことも、養蚕再開をきっかけに生まれたタコー村の人たちとの関係を大切にしながら、少しずつ進めていければいい。それはまだ始まったばかりだが、日本からの個人の支援者も含め、いろいろな人たちとの協力で実現しつつある。それをさらに豊かなものにしていきたい。

IKTT設立

タコー村へ最初に届けた蚕が全滅し、再度届けようとしていたころ、とある国際機関からプロジェクトの支援を打診された。そのための予算付けなどを視野に入れつつ、わたしは養蚕再開プロジェクトの見取り図を描き始めた。当時のわたしは、カンボジアでのプロジェクト実施にあたり、プノンペンやバンコクで、国際援助機関関係者、ＮＧＯスタッフ、大使館職員、現地駐在員など、さまざまな人に会って、プロジェクトの進め方の手がかりをつかもうとしていた。

結局のところ、この話は実現には至らなかった。が、すでに養蚕事業は動き始めている。プロジェクトの費用は、自費とごく親しい知人たちからの借入金でスタートさせることになった。ごく限られた予算で始めたことが、結果的に村びとたちの自助努力を促すかたちとなったように思う。

また、このとき実現しなかった見取り図づくりは、わたしにとって、ひとりで始めた伝統的養蚕の復活を組織として進めていき、その先にあるカンボジア伝統織物の復興へと繋げていくためにはどうすればよいのかを考え、整理するきっかけとなった。

　同じころ、元プノンペン芸術大学教授で、文化大臣も務められたクメール精神文化研究所のチェン・ポン代表にお会いする機会を得た。チェン・ポン氏は、カンボジアの伝統舞踊の復興に力を入れるとともに、プノンペン郊外のタクマウ市にクメール文化瞑想センターを作り、カンボジアの古くからの智慧と精神文化を育てていこうとする独自の活動を実践されていた。クメール文化瞑想センターで開催されたクメール学生協会の会議に参加し、チェン・ポン氏の講演を聞くうちに、わたしが取り組み始めた養蚕再開と伝統織物の復興もまた、彼の実践する活動の一部であるように思えてきた。ある日、わたしはＩＫＴＴ（Institute for Khmer Traditional Textiles／クメール伝統織物研究所）設立というアイデアをチェン・ポン氏に説明し、瞑想センターにＩＫＴＴを設置することはできないだろうかと相談を持ちかけていた。

　また、国際交流基金バンコク事務所からは、日本の国際交流基金にアジアセンターというセクションが新設され、アジア地域における文化の振興と活性化を支援するプログラムを始めるという話を紹介された。そして、わたしが進めようとしているプロジェクトも、その支援プログラムの対象となり得るのではないか、との助言もいただいた。

　チェン・ポン氏からは、ＩＫＴＴ設立に賛同を得るとともに名誉代表就任を快諾していただき、タクマウ市にあるクメール文化瞑想センターの一角にＩＫＴＴを設置することも了承を得た。

　一九九五年一月、首相府からＩＫＴＴをＮＧＯとして認可するとの連絡があった。こうして、わたし個人が始めたタコー村での伝統的養蚕再開プロジェクトは、ＩＫＴＴのプロジェクトとして継続する活動となった。前後して、国際交流基金アジアセンターからは、ＩＫＴＴの活動に対しての助成交付の知らせが届いた。そのことにより、在カンボジア日本大使館・外務省の「草の根プロジェクト無償援助」への助成申請の道がひらけた。その申請によって研究所の建屋の建設費のサポートを得、思いのほか幸先のよいスタートを切ることができた。

4 伝統の「掘り起こし」

IKTT の開所式での記念写真

西表の山で

山の斜面で「こうしておけば、三年もすれば元の大きさになっている」と言いながら、赤茶色の染めに使う紅露《くうる》(和名はソメモノイモ)という沖縄独特の赤い山芋を掘り出した後に土を戻している、金星さん。収穫するのは半分だけ。残りは、土に埋め戻し、再生を待つ。その山からの帰り道、谷あいの沢に群生する琉球藍の葉を収穫しながら、その何本かを次のために植え直していく。「しばらくすると、また元のように戻るから」と言いながら。

わたしは、そんな金星さんの自然なしぐさを見ていて、大切なことを教えられた気がした。そう、恵みを受け取ったら、そのお返しもする。いわば「テイク・アンド・ギブ」。その関係が大切であることを、そのとき改めて意識することができた。それは、持続を可能にするための基本ともいえる。そして、それは大変なことではなく、日々のなかで自然にできることをそのとき学んだ。

＊＊＊

西表島で、農作業や山仕事をしつつ、自然に向き合い、付き添い、島の暮らしとともに染め織りをして暮らす石垣金星さんと石垣昭子さん。その工房を訪ねたのは、ＩＫＴＴを立ち上げたばかりの一九九六年のこと。国際交流基金アジアセンターが主催した、アジアの織り手たちとの交流プログラムであった。そのとき、カンボジアからのわたしと、インドやタイ、インドネシアやラオスから織り手やテキスタイルデザイナー、沖縄と日本からの人たちもジョイントして、それぞれの経験を交流しながらの、にぎやかな染めと織りのセッションが西表島の紅露《くうる》工房《こうぼう》で開かれた。

工房で、織り機の横の竹籠に入れられた芭蕉の糸を見つけた。昭子さんが引いた糸だった。その光沢と白さから、はじめ絹糸ではないかと思ってたずねてみたら、芭蕉すなわちバナナの幹から引かれた糸であるという答が返ってきた。こんなきれいな糸が、芭蕉から引けてしまうのか。沖縄の人たちの仕事に、改めて驚かされた。

その芭蕉の糸採り（苧《うー》剝ぎ）を実際に体験させていただいた。芭蕉の幹の外皮を剝き、簡単な道具で繊維を引くことができる。この竹の道具、カンボジアではオウギヤシの葉で籠を編むとき、その葉を細く引く道具によく似ている。――その後、灰汁で煮て（苧炊き）、繊維を取り出し（苧引き）、さらに細く裂き、繊維を結び合わせて一本の糸にする作業（苧績み）が待っている。たいへんな手間と時間をかけて、ようやく美しい糸になる。

芭蕉から繊維を取り出して織る。その技術は、沖縄ではインドネシアから伝わったものだと言われているそうだ。しかし、そのときインドネシアから参加していた有名なビンハウスのロニー・シスワンディ氏は「もうインドネシアには、そんな優れた技術は残されていない」と嘆息した。

芭蕉の糸で織る布は、沖縄のほかではフィリピンが有名である。昔、沖縄の人たちが、多くフィリピンに移住し、暮らしていたことがある。そんな兄弟のような関係にある人たちのなかに、この伝統は残されている。フィリピンの特産品のひとつ、マニラ麻（バショウ科アバカ）がこの芭蕉の糸と同じもの。外見の似ている実のなるバナナに対し（バナナもバショウ科である）、糸芭蕉とも呼ばれて、区別されている。水に強く、船舶用のロープとして珍重されてきた。英語名に麻を意味するヘンプがつけられているため、日本語でも「麻」の字が当てられているが、じつはバショウ科の植物である。フィリピンではその繊維の質などにより、約十四種の品種があるという。最上とされるシナバという品種の糸を使って織られたサバ織りが有名なのだそうだ。

工房のすぐ近く、裏山に向かう小道を越えたところに広がる芭蕉畑を昭子さんと訪ねた。成長具合を見ながら、使いどきの若い芭蕉を選んで収穫する。畑には、収穫期を過ぎて枯れかけた芭蕉の葉がそのままになっていた。それを見て、わたしはその葉も染め材として使えるということを話してみた。わたしたちIKTTでは、バナナの葉を染色に使っている。バナナは、その成長時期や、季節と媒染によって、十色ほどの色を染め出すことができる。媒染の違いだけでなく、伸び始めたばかりの吸芽、大きく育った緑の濃い葉、枯れかけた葉など、成長時期の違いや、乾季に収穫して染めたものか、雨季に収穫して染めたものかによっても染め出される色は違ってくる。これもまた、自然がもたらす〝恵み〟である。

素材に目をむける

今回の、約二週間にわたる交流プログラムを企画したのは、今井俊博さんであった。

素材の大切さに目を向けるようになったのは、東京・京都・沖縄（那覇・西表・石垣）と移動しながらのフォーラムとワークショップの旅のなかで、今井さんの提案するいくつかの話がきっかけだったように思う。曰く、自然素材を見直すといっても、単なる伝統回帰でも保全でもない。モダンにデザインすればいいというわけでもない。素材から、一枚の布を見直す大切さ。夏に高温多湿となる風土にあって、布はもうひとつの皮膚ともいえる。身体に巻き、重ね、羽織る布。布は、季節や気候風土に合わせ、労働や生活、儀礼などに合わせた着かた、身体の包みかたがある。人が動くと布が動く。そういった立ち振る舞いに寄り添った身衣《みごろも》の再発見、という今井さんの提案。

当時のわたしはといえば、ＩＫＴＴを設立した直後で、タコー村での在来種の蚕による養蚕再開プロジェクトが軌道に乗り始めたところだった。草木染めに関しては、すでに一〇年以上、タイ時代から取り組んでいる。その意味では、第三者から見れば、生糸も染め材も十分に素材にこだわる環境にいたともいえる。素材を見直しつつ、そこから新しいものを生み出せるのか、そこまでのことを改めて考えるようになったのは、今井さんがプログラムを通じて参加者たちに示そうとしたもの、なにかの拍子に口にされたいくつかの言葉、そして西表の紅露工房で昭子さん金星さんの染めと織りの素材とのかかわり方を実際に目にしたことに負うところが多かったのだと改めて思う。それは、そのまま現在のＩＫＴＴの「伝統の森」という、布と布を作る人たちの生活、その自然環境を再構築する事業の基本の作法にもなっている。

その今井さん、七〇年代には、広告業界で大きな仕事をしてきた方だと聞いている。そして八〇年代には、インドネシアで伝統の布を作る人びととの新たな出会いがあった。九〇年代に入ってからは、「モンスーン・アジア」という風土とそこに暮らす人びとの伝統に根ざした生活文化にこだわり、アジア各地の布と、そこに息づく伝統文化のリファイン（見直しと再生）にかかわってこられた。〝ＯＬＤ＆ＮＥＷ〟というキーワードも使い、新しい提案をされてきた。今回の、国際交流基金アジアセンターが主催した、アジアの織り手との交流プログラムも、そうした活動のひとつであった。

手の記憶

ＩＫＴＴを設立するにあたり、わたしがミッションとしたのは「カンボジアの伝統的な織物を、当時の技術を会得しているおばあたちの協力により復元しながら、現在の養蚕、織物産業の再生に寄与し、カンボジアの若い世代の織り手や専門家を育てていく」ということであった。この活動の核となる、伝統の技と知恵を持つおばあたちは、すでに高齢である。いつまでも待ってくれるわけではない。

日本の外務省による草の根無償援助が決まり、プノンペン郊外にあるクメール文化瞑想センターでの建屋の建設に向けての見積りや手配などをこなしつつ、わたしは伝統的な手織りの残る村を、再度訪ねて回った。

プノンペンの骨董市場で手に入れた何枚かの優れた仕事がなされた古い布や、タイのコレクターから提供されたカンボジアの絣布を手に、それを復元できるレベルの織り手を捜す日々である。そして、これぞと思える織り手には、良質な手織物をもう一度再開してもらうように働きかけていった。「わたしの持っているこの布は、ずいぶん古くなってしまったので、これと同じものを織ってもらえませんか」と言って、彼女たちに見本となる古い絣布を預けていた。

手にしたその布をじっと眺め、「ほんとうにこれはカンボジアで織られたものか」とわたしに問いただす織り手もいた。「子どものころ、これと同じものを自分の母親が織っていた」となつかしそうに話すおばあもいた。そうやって、引き受けてくれる何人かの織り手に出会えたのは、しあわせなことである。

預けた古布は、それなりに手のかけられた精緻な柄の絣布なので、できあがるまでには数か月を要す。それだけの時間をかけてもらうので、手間賃もそれに見合うだけのものを払うと約束する。数か月して、織り上がった布を受け取るために村を訪ね、織り賃を払う。が、「大丈夫」と笑顔で請け負った織り手が、自負するだけの技術を持っているとは限らなかった。織り上がった布を見て、「え、これはちょっ

人間国宝級の腕を持つ、タケオのピエップおばあ

と……」と、がっかりすることもあった。「ドーイックニア」（クメール語で、同じという意味）を連発する織り手。「でも、違うんだけどな」とわたしはぼやくしかない。完成度が低く、手が荒れている、とでも言うのだろうか、簡単な絣の布ばかり織ってきたためとは思うが、質が伴わない。

わたしが京都で友禅の着物を描いていた当時は、よい手仕事をした布を「色っぽい」と表現した。そのニュアンスを、言葉で説明することは難しい。ましてや英語やクメール語では――。

その一方で、わたしがサンプルとして預けた布に劣らず、精緻なものに仕上げる織り手もいた。なかでも、タケオのピエップおばあは、わたしがタイのコレクターのところで見せてもらった布を撮影した写真一枚から織り上げた。その布は、わたしがコレクターの家で見たものと間違いなく「同じ」か、それ以上。一〇〇年を経たというオリジナルの布の風合いまでは再現できないものの、まさにそのもの。

驚くべき伝統の技といえよう。間違いなく現在のカンボジアを代表する織り手といえる。彼女の手に、カンボジアの伝統の絣の復興がかかっているといっても大袈裟ではないと思えた。

彼女のような人間国宝級ともいえる腕を持ちながらも、ふだんは一枚いくら、といった安い仕事をしている織り手がほかにもいた。同じように布にかかわってきた職人として、「それはちがう」と、わたしは思った。彼女たちには、その腕に見合うだけの仕事をしてもらいたい。――腕のいい織り手をわたしが捜してまわった動機のひとつには、そんな思いも重なっていた。

そうやって村を訪ね、織り手に仕事を頼むうちには、こんなこともあった。

ある織り手の家の向かいには、小さな雑貨屋があった。わたしが何度もやってくるのを見ていた店の主人は、その家の者にあの日本人は何をしにくるのか、とたずねたらしい。そして「絣の布を括って織り上げるといいお金になる」と聞いた彼は突然、括りを始めた。じつは、彼の母親は腕のいい織り手だった。子どものころの彼は、毎日のように母親の括りを手伝っていた。絣がお金になると聞いて、彼は昔の記憶を思い出しつつ、一枚の絣を括り終えた。が、彼の奥さんは織りができない。そこで、村のなかで織りのできる女性に彼の括り糸を織ってもらい、ようやくその布はできあがった。彼の括った絣布は、これまでにわたしが見たことのない柄だった。母親が亡くなってから一度も括りをしていなかったにもかかわらず、彼の手は絣の柄を覚えていた。まさに「手の記憶」といえる世界がそこにあった。

伝統の「掘り起こし」

四月、カンボジア正月が明けると、タクマウでの研究所建屋の建設も始まった。わたしはオルセイ・

マーケットの近くに一軒家を借り、そこを仮の事務所兼住居とした。六月には、タケオの村から二人の織り手とその家族をプノンペンに招き、仮事務所で草木染めの復元作業に取り組み始めた。

　イギリスではじめて合成染料が生成されたのは一八五八年のこと。その後、化学染料はまたたく間に世界中を席巻した。一九五〇年代には、カンボジアでも化学染料が広く使われるようになっていた。しかし、それ以前に織られていた、すばらしい伝統織物は当然のことながら草木染めによるもの。ＩＫＴは、その復興を目指した。

　だが、その染色技術の復元となると簡単には進まなかった。いざ作業を始めてみると、草木染めの経験があるという織り手であっても、現在の織り手の間で共有されている染色技術は化学染料による染色を前提にしたものであることが見えてきた。わたし自身には、タイ時代の自然染色の経験があるが、それをそのまま押しつけるのでは意味がない。カンボジアの染色素材を生かしたかたちで、カンボジアならではの、絣の糸括りの手順と、染色法を組み立てていかなくてはならない。伝統の技と呼べるだけのものを再生するまでには、しばらく時間がかかる。――手間のかかる染めと括りの復元作業を始めてみて、そのことを実感した。

　伝統織物復興への道のりは平坦ではない。そう思わせたのは染色工程だけではなかった。座繰りと呼ばれる、繭から生糸を手引きする作業でもそうだった。とりあえず糸は引ける。しかし、クオリティの高い糸を引くまでには至らない。織りの場合も、とりあえず絣の布は織れる。しかし、わたしを納得させるだけの技量というか、熟練の技にはなかなか出合えない。前述のピエップおばあは別格であった。

　戦乱のなか、カンボジアで多くの熟練した織り手が亡くなり、継承されずに消えてしまった「伝統の知恵」は計り知れないと思う。しかし、嘆いていてもしかたがない。わたしにできることは、カンボジアの村々に散らばる人びとの持つ染め織りの技術から、織り機や竹筬《たけおさ》などの道具類を作るおじいや、絣柄の括りのための糸芭蕉の紐を作れるおばあなど、絣織りになくてはならない周辺技術を持つ人たちを含めて探し出し、励まし結びつなげながら、心を込めて一枚の布に仕上げていくことであり、それがIKTTの最大の目的、仕事であった。

こうした一連の作業を、わたしは伝統の「掘り起こし」と呼ぶようになった。

タクマウで開所式

一九九六年十月十五日、タクマウ市にあるクメール文化瞑想センターの一画に建てられた、IKTTの作業所兼事務所の正式な開所式を行なった。式には、カンボジア王室を代表してボパー・デビィ王女のご出席をはじめ、在カンボジア日本大使館からは内藤昌平大使、そしてカンボジア文化省、プノンペン芸術大学、この間カンボジアで知り合った国際機関やNGO関係者も含め多くの人びとが出席し、祝辞をいただいた。また、カンポット州タコー村からは、村の伝統芸能の楽団も含め五十三人の村びとが参加し、黄色い繭から糸を引くデモンストレーションを披露してくれた。タケオ州からは、織物の復元作業に携わる三つの村の織り手十七名も、織りの実演に参加してくれた。式場で山のように積まれた黄色い生糸を見ながら、昨年の七月にタコー村の村びとたちが、わたしの提案に対して「もう一度、養蚕をやってみるか」と言ってくれなかったら、この日はなかったと思うと感無量であった。

午後には、記念セミナーを開催。IKTTの名誉代表であるチェン・ポン氏が「伝統文化と精神の復興」

について、ラオスで伝統織物の復興に取り組むコントンさんが「ラオスの経験」についての基調講演を行ない、わたしがこれまでの「活動経過と研究所の今後」を報告した。その後、日本からの出席者も含め、限られた時間ながら伝統織物文化について活発な議論が交わされた。

＊＊＊

タコー村での生糸生産は、まずまずのペースで継続していた。酷暑の時期には蚕が暑さにやられ、三つのグループを合わせてもわずか三〇〇グラムというときもあったが、おしなべてみれば、生糸の生産量は一回に一〇キログラム程度を維持していた。村のなかで連絡員を務めてくれたサリット君の詳細なレポートにより、タコー村のなかで養蚕にかかわっている村びとたちの暮らしぶりも見えてきた。

一方、ＩＫＴＴの建屋が完成したことで、新たな織り手たちも加わった。まずはオムソット。少し遅れてオムペットである。彼女たちを中心に、括りや草木染めの技術の復元を進め、マスターピースともいえる伝統的な絹絣の復元に取り組み始めた。

また、ユネスコ調査の「次」を見据えての、新たなフィールドワークにも着手した。幸いなことに、帝塚山短期大学（当時）の植村和代先生らの協力を得て、トヨタ財団に申請した研究助成を得ることができ、「カンボジアに於ける伝統的織物の残存形態の地域比較研究」も動き出した。現在のカンボジアに残されている伝統織物にかかわる背景を拾い上げ、それらの地域比較を行なうことで、戦乱のうちに散り散りになってしまったカンボジア伝統織物本来の姿を描き出すことを試みようとしたのである。具体的には、現存する織り機の比較や、各地の村に残っている在来種ともいえる桑の木の形質調査、そして織物におけるチャムが果たした役割などの分析に取り組み始めた。

冬の時代

その日は、朝のフライトでバンコクに向かうはずだった。ところが、ドォーン、ドォーンとなにか聞きなれない音が聞こえる。しばらくして、街のなかで戦闘が始まったことがわかった。一九九七年七月五日。UNTAC統治下で発足したラナリット第一首相とフン・セン第二首相の両者は、首都プノンペンで武力衝突を起こした。

空港に向かおうとしたが、途中で非常線を張っている兵隊に止められた。指は銃のトリガーに掛けたまま、兵士の眼つきも、いつもとは違う。しばらくして、ラナリット首相の邸宅に近い、わたしの家の前でも撃ち合いが始まった。そして、夜には花火のようにロケット弾が飛び交った。それから数日は、戒厳令下のような日々。近くにあった旅行者向けのレストランは営業していたが、銀行や主な店などは閉まったまま。冗談のような売り手市場の航空券を手に入れ、七月十四日ようやくバンコクの自宅にたどり着いた。が、現場が心配で、二十三日には再びプノンペンへと舞い戻った。

それは、わたしが「冬の時代」と呼ぶ、その後の厳しい時代の始まりの象徴のような出来事だった。八月下旬、わたしは赤坂の国際交流基金事務局へと出向いた。年度始まりの四月に、実行されるはずの助成金の支払いが止まっていた。電話などでやり取りするも、理事が代わり助成ルールを見直すとの連絡を受けるが、くわしい理由は見えなかった。そのため直接、担当者と協議するために東京まで足を運んだ。――九五年、ユネスコの調査を終え、友人たちの助けを受けながら、カンポット州タコー村での養蚕再開プロジェクトを開始した。そして、村の織り手たちと伝統織物の復元に向けて動き始めようとしたとき、新しく発足した国際交流基金アジアセンターの文化支援の一環として、三年間の活動助成が受けられることになった。それにより、現地カンボジアにＩＫＴＴを立ち上げることができた。

事務局の説明では、助成期間中に活動の成果物（絣の布）を販売して収入を得ているのであれば、今後の活動助成は続けられないという。開始時点では、合意されていたはずのこと。だが、ルールが突然変わった。その助成金だけでＩＫＴＴの運営がなされているわけではないし、一部助成であるから自助努力として成果物の販売もしていると説明するが、了解は得られない。助成期間が終了した三年後に、突然布が売れて自立できることがわかっているなら、はじめから布の販売で運営している。活動助成を受けているのは、自立するための助走期間という位置づけと説明するが、受け入れられない。残念ながら、話し合いは平行線に終わった。ＩＫＴＴの基本方針を、助成団体の思惑で曲げるわけにはいかない。断腸の思いで、助成を辞退した。

この助成金を前提にしていた経費を、すでに四月から立て替えていた。約一〇〇万円、それがそのまま宙に浮いた。さらに七月の政変を経て、かさんだ経費の早急な手当てをしなければならない。すでに、スタッフの給与や家賃など、日常的な活動にも支障が出始めていた。ＩＫＴＴの活動にとって、はじめての正念場であった。

だが、ここで諦めてしまえば、その時点でＩＫＴＴの活動は「失敗」に終わる。わたしは、限られた条件のなかで、活動を持続できる方法を模索した。

まず、借りていたプノンペンの家を解約した。タケオから復元作業のために招いたおばあや織り手たちは、村で自宅待機としてもらった。そして、アシスタントのロタと二人で、最小限の調査を継続することにし、小規模ながらＩＫＴＴの活動を続けた。助成金の立て替え分の支払いや当面の活動経費を捻

タケオの村で、織り手の母娘にヒアリングする助手のロタ

出するために、バンコクにあった自宅の土地を半分売りに出すことで、財政的にはなんとか切り抜けた。しかし、原因不明の皮膚病に悩まされ、わたし自身が体調を崩し、入院もした。困難な状況におかれたIKTT、それはわたしにとっての「冬の時代」といえる。

さらには、突然飛び出してきたバイクにぶつけられるというオートバイ事故で、ほぼ一日意識不明を経験。倒れた路上で、身のまわりの持ち物もすべて失ったが、幸いなことに偶然その場を通りかかった知り合いが病院に担ぎ込んでくれ、命拾いした。そんな、どん底ともいえる時代をくぐりぬけたおかげで、これ以上落ちることはないと、妙な自信がついてしまった。

絶望的な状況にあって、その先もっと落ちてゆくと思うのと、今がどん底であとは上がるだけと思うのでは、次のアクションが違ってくる。常にポジティブに状況を考え、転んでもただでは起きない。何か次にプラスになるものを、しっかり手につかんで起き上がるように努力する。——そうすることで、状況をプラスに転じることができるし、そうしなければならない。

わたしが常に自分に課していること、それは前に向かって、明日を考え、進むこと。過ぎた過去を変えることはできない。反省は必要だが、過ぎたことに愚痴をいうのは時間の無駄でしかない。そして、前に向かって走りながら考える。すべての準備を整えてから始めるのではなく、進む方向に確信がもてれば、できるところから手をつけ、動き始める。ゆえに、状況に対してフレキシブルでなければならない。そしてリスクを恐れない。リスクのないことは、楽しみがないことと同意。なぜなら、リスクを超え達成できたときの喜び、それはリスクを負うことではじめて得られるものだから。そしてタイミング。同じことをするにしても、時期を逃せばその価値は半減する。それは旬、なにごとにも旬がある。今の時代はスピードが大切、迷っている時間はない。

「冬の時代」を過ごしたおかげで、いろいろな経験や学びがあった。すべてに感謝、――今ではそんな気持ちも持てるようになった。

仕切り直し

助成金を絶たれた結果、ＩＫＴＴは寄付金に頼らないＮＧＯとして、自立した活動を継続できるようになった。必要なことを、そのときにある資金で、できる範囲で実行するというスタイルが身についた。

資金繰りは相変わらずきびしい状態が続いていたが、新しい動きも生まれつつあった。

バンコクの、バイマイ時代の取引先のひとつであった髙島屋の担当者から、東京と横浜で開催される「アジアの手仕事展」という催事企画に参加してはどうかと声をかけていただいた。展示販売だけでは

展示した絹絣を前に、カンボジアの現状を説明する
（1998年11月19日付 京都新聞掲載　京都新聞社提供）

なく、催事場に織り機を持ち込み、カンボジアの織りの実演も、と話は進んだ。その準備のために、担当者がプノンペンまで来訪。そして復元作業のなかで織り上げた絣布を購入していただいた。

九八年四月、横浜髙島屋「アジアの手仕事展」と同時開催で、「カンボジア・クメール伝統織物展」が開催された。初日には、在日本カンボジア大使館から領事もご出席いただき祝辞をいただいた。このとき織りの実演を担当したのは、オムソットである。

ときを同じくして、わたしの初の著書『メコンにまかせ』が出版の運びとなった。九六年の段階でＩＫＴＴの設立までを綴った内容をおおかた書き終えていた。だが、最終的な出版のためのＧＯサインは出せずにいたものが、ようやくかたちになった。わたしのタイやカンボジアでの活動に関心を持っていただき、ＮＧＯ／ＮＰＯに関してアドボカシー活動もされていた第一書林の方と縁ができ、出版の話は進んだ。

十一月には、京都在住の方々のお力添えで、鹿ヶ谷の法然院で「カンボジア・心と技の織物展」と題した展示即売会を開催できた。新聞やラジオの紹介もあり、驚くほど多くの来場者に恵まれた。以来、法然院では、梶田真章住職のご厚意で毎年十一月のみごとな紅葉の時期に、報告会と展示会を開催させていただいている。

わたし自身は、バンコク時代に受けていた日本のテレビ局の現地コーディネーターの仕事を再開した。その収入をＩＫＴＴの活動資金に充てることで、プノンペンに部屋を借り、村からおばあや織り手たちを呼び戻し、織物復元の仕事を再開した。こうして、「冬の時代」を仕切り直すことができた。

翌九九年八月には、タイシルクで知られるジム・トンプソン財団がバンコクで開催した東南アジアのテキスタイルに関するセミナーに参加した。会場に、ＩＫＴＴで復元したピダン（絵絣）を持ち込み、染織関係の研究者、美術館関係者、アンティークショップのオーナー、ディーラー、そしてオークション関係者など約二〇〇人が顔を揃えた会場で、その出来を問うことができた。アンティークの布を見慣れている参加者たちにとっては、わたしの持ち込んだ絣布が、つい数か月前に織り上がったばかりの「新しい」布であることが驚きだったようだ。そのとき名刺を交換した何人かとは、その後もコンタクトが続き、シェムリアップに移転したあとの工房へも足を運んでくれている。

桑の木基金

九八年、バッタンバン州ラタナモンドル郡バンオンピル村を訪ねた。このあたりは九七年ごろまでポル・ポト派と政府軍の戦闘が激しかった地域である。当時、バッタンバンの病院は、建物の外の路上にまで負傷者があふれていた。村には防空壕も残っている。ここに日本のＮＧＯ団体が小学校を寄贈した。その団体のスタッフとともに村に入ったのである。

村のなかには、大きな桑の木が数本残っていた。かつては――といってもこの村の場合は何十年も前のことだが――養蚕が盛んだったという。しかし、村びとのなかに養蚕の記憶を持つ者はいない。九六年にアメリカのカソリック系の団体が、地域の女性の収入向上プロジェクトとして縫製や織物技術研修とともに、養蚕プロジェクトを立ち上げた。だが、そのプロジェクトは一年半で中断。そのときのプロジェクト参加者から、もういちど養蚕をやりたいという話がわたしのもとに届けられていた。

村びととの話し合いでは、養蚕をやっても生糸が売れるかどうかわからない、という声が出た。

「生糸はわたしたちが買い取るから問題はない」

「それなら安心だ。やってみようか」

話し合いのなかで、養蚕再開に向けて動き出すことが確認された。とりあえずは、必要な桑の苗木を増やすところから始めなければならない。

このプロジェクトを開始するにあたり、わたしは「桑の木基金」という名の基金の設立を日本の友人たちに呼びかけた。京都大学名誉教授の渡部忠世氏が代表を務める「アジア農耕文化の会」が九八年十月に企画した「メコン川流域の農村と文明を訪ねる旅」を催行した旅行会社マイチケットの山田和生氏が応じてくれた（その後、アジア農耕文化の会は、二〇〇〇年にはＮＰＯ「アジア太平洋農耕文化の会」となる）。

九九年八月、「桑の木基金」の記事を新聞で読んだという、松本で造園業を営む赤穂正信さんがプノンペンにやってきた。ほぼ一か月、手弁当でカンボジアに滞在。バッタンバンの村では、村の若い衆二人を助手に、片言の英語と日本語で、土を準備するところから苗床のヨシズ張りまで、わずか一週間でおよそ一〇〇〇本の苗木園を作り上げた。日本とは気候も土壌も違うカンボジアであっても、経験を積んだその道のプロの勘は的確な判断を下せる。赤穂さんの仕事を見ていて、わたしはそのことに気づいた。彼を手伝う者がその気にさえなれば、その経験を共有できる。さまざまな分野のプロが集まれば、このカンボジアで「寺小屋式職業訓練所」のようなことが可能かもしれない。それは、肩書きのついた「専門家」である必要はない。鶏の飼い方、苗木の育て方、有機肥料の作り方など、現地の人びとの自活につながる現実的な技術のプロであればいい。

翌年二月、日本からの「桑の木基金」の支援者とともに、桑の苗木をバンオンピル村に届けた。ここがタコー村に続く、新しい「養蚕の村」となることを願いつつ。

養蚕プロジェクトの頓挫

それから半年ほどして、バンオンピル村を訪ねた。順調にいけば、桑の木は一メートルほどに育っているはずだった。だが、桑の木は全滅。三月から四月の猛暑に耐えられず枯れてしまったのだという。そして、わずかに残った桑の木も、放し飼いの牛が食べてしまった、と。

なぜか、疑問があった。村の代表たちと話し合うなかで判明したのは、届けた苗木は、養蚕の経験者ではない農家に渡っていた。事前に、経験者の中で始めていくことは確認していたはずであった。

村長からは改めて、桑の木を管理するセンターを作る費用を出してくれないか、という提案があった。

――そうか、そうかということか。村のなかにセンターを作るということは、いわゆる「箱モノ」を作るということである。そこにはセンター管理の必要が生じ、そのための費用が発生しつつ、その責任はあいまいになりがちだ。それより、村びとが自分の責任において桑を育て、その桑で蚕を飼うことで各戸の家の利益につなげていくほうが、結果として村びとそれぞれの自立を促すとわたしたちは考えていた。だが、彼らは、将来的な生活の向上より、目先の管理費を期待していた。

じつはカンポットのタコー村でも、プロジェクトの開始時期に、村長から「お買い物リスト」を受け取っていた。しかし、本当に必要なもの以外は無視した。プロジェクトの運営以外の余分なモノを期待されても、わたしたちはそれに応える立場にない。これは、基本である。

援助とは、モノをあげることではない。貧しい人たちの自立を助けると言いながら、物資やお金をもらえて当たり前とばかりに口を開けて待っているだけの村びとを増やしていては意味がない。

人間の「欲」は大切である。それは、モチベーションそのもの、やる気につながる。しかし、貧しいことを理由に、手を動かさず口をあけて待っているだけの欲は、人間をダメにする。NGOなどが主催するセミナーや講習会のなかには、主催団体が参加者に参加費を支払うケースもある。しかし、それは参加者を多く集めるだけのことに思える。多くのプロジェクトは、そのプロジェクトの実施期間が過ぎると、消えてなくなることが多い。それとも関係するように思えるのだが、いったい誰のためのセミナーなのか、誰のためのプロジェクトなのか。

わたしたちは、小さな種を提供する。ときには、その種を植えるために必要な鍬《くわ》も。しかし、そのあとは村びと自身の努力が基本。だから、本当にやる気のある村びとと出会うことが大切だと考えている。

タコー村での養蚕プロジェクトの成功は、ポゥンさんという、ひとりのリーダー格の村びととの出会いが大きかった。彼は、行政組織の人間ではなかった。そして、彼自身にやる気があり、他のメンバーを引っ張ってくれた。生糸生産で、わずかながらも現金収入が得られることがわかると、遠巻きにしていた他の村びとが少しずつメンバーに加わっていった。裕福な村びとは、プロジェクトに参加していない。家族が十分に食べられるだけの米を作れない村びとたちが、協力し合っていたのだ。

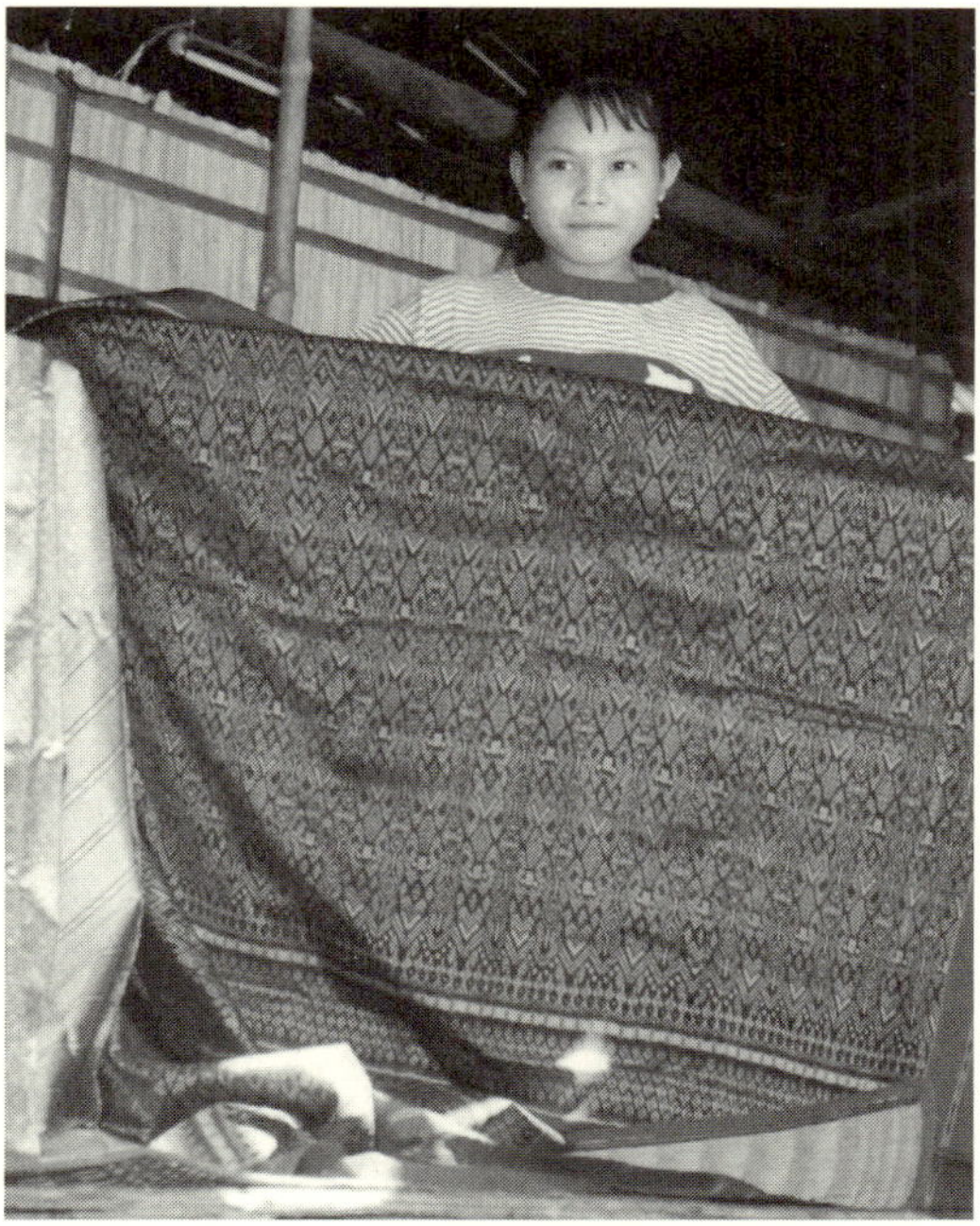

家を建てるまでになった織り手と、彼女が織り上げた絣布

シェムリアップへ

財政的な「冬の時代」を脱し、養蚕プロジェクトの頓挫に直面しつつも、わたしは次の展開を考え始めていた。バンコクのテキスタイル・セミナーで展示したＩＫＴＴの布に対する参加者たちの評価から、ＩＫＴＴ設立時からの、伝統の「掘り起こし」という作業に自信と確信が持てるようになった。

タケオの村では、藁葺き小屋のような家に住んでいた自然染色の研修生だった織り手が、布の販売で得たお金で立派な家を建てたという。息子が張り切って近場の織り手を集めて、工房を立ち上げた人もいる。ＩＫＴＴとしては、伝統の布の制作のなかで、その「掘り起こし」から、さらなる活性化につなげたいと考えていた。

その一方で、復元できた技術や蓄積されたノウハウを次の世代に伝える作業に急いで着手しなければ、バトンを渡しそこねてしまうのではないか、という切迫感があった。師範格となりうるおばあたちが元気なうちに、それを横で見て真似て身につけていくための「場」が必要だ。もちろん、身につけるだけの時間も。そのためには、若い織り手をもっと受け入れる体制を作らねば……。さらには、桑の苗木を増やしていくことや、綿花や藍の栽培にも着手したかった。だが、そうしたことを行なうには、現在のプノンペンでは手狭なこともわかっていた。少人数で、染めや織りの試行錯誤を繰り返す段階から、次のステップ、新しい展開について考え始めていた。

わたしは、あちこちの土地や物件を見てまわり始めた。が、発展を始めたプノンペンの周辺では、地価も高く、十分な場所を確保するのは難しかった。郊外や、バッタンバンなど、いくつかの地方都市へも足を運ぶようになった。そして、たどりついたのが、シェムリアップだった。

5

工房開設

400 人以上の研修生が働いていたシェムリアップの工房

伝統の活性化

二〇〇〇年一月、シェムリアップに拠点を移したIKTTは、新たな一歩を踏み出した。プノンペンからわたしとともに引っ越してきたのは、年長者オムソットを筆頭に、その娘のブンナーとカエム、そしてクラチェからきている見習いのニョーの四人。数日遅れて、村に戻っていたオムソットの末娘チャンターも合流。二台の織り機を組み立て、五人で作業を開始した。

シェムリアップ川に面した一軒の高床式家屋、その二階が事務所とショップ兼ギャラリー、階下が工房（作業場）である。この工房においてわたしは、それまでIKTTの活動の中心にあった「伝統の掘り起こし」という作業から「伝統の活性化」へと軸足を移し、新たな展開を図ろうと考えていた。

工房開設とともに、有給の研修生の受け入れを始めた。

研修生の受け入れは、新しい世代に染め織りの技術を伝えていくため。甦りつつある「手の記憶」を次の世代に伝え、広めていくしくみが必要と考えてのことである。「有給」の研修生としたのは、染め織りの技術の継承よりも先に、それを担う女性たちの生活を安定させることが大切だと思えたからだ。

研修生第一号となったのは、工房の隣の家の娘さんだった。はじめ彼女は、自分の家の窓からいったい何をしているのかと眺めていた。そのうち工房の入り口までやってきて、そしてついには織り機の横で皆の仕事ぶりを見るようになった。そして、めでたく研修生に。彼女は、IKTTで働くようになって十年余り、途中、彼氏と駆け落ちというハプニングもあったが、経験を積んで織り手になった。しかし、母親となってからは、のんびり子どもを見ながらできる仕事のほうが自分には合っていると、生糸をきれいにする仕事に戻り、今も働き続けている。

＊＊＊

工房での作業がなんとか順調に動き始めた二月、そろそろ熟練した織り手をもうひとりタケオから呼びたいと考えた。オムソットの片腕になる熟練者が必要だった。

タケオのペイ村。ここは九四年九月に、織物をしている村に行ってみたいとプノンペンのユネスコ事務所に依頼して、はじめて訪ねた村である。以来、調査のときも、あるいは古い絣布の復元の仕事を頼んだりと、さまざまなかたちで村の織り手たちとのつきあいが続いている。今回も、シェムリアップにきてくれそうな人に声をかけておいた。そのソガエットは、三十歳を過ぎたばかり。彼女の母親は、村でも腕のいい織り手で、復元の仕事を頼んだこともある。が、もう年配なので自分で織ることは少なく、実際は娘のソガエットが織っていた。そんな縁で、シェムリアップ行きを引き受けてもらったつもりだったのだが、いざとなると迷いが出ているようだった。知り合いのいない見ず知らずの土地に、日本人のオジサンに連れられて行くのだから、無理もない。

そのとき、顔見知りのオムチアが「わたしも行ってもいいか」とたずねてきた。えっ。一瞬冗談かとも思ったが、OKした。彼女は六十歳を過ぎてはいるが、現役の腕のいい織り手、いわば無形文化財級の別格である。はじめてこの村を訪ねたときには、彼女からあれこれ話を聞くことができた。それ以来のつきあいである。そのオムチアが、ソガエットが迷い始めたことに助け舟を出したかたちになった。

このときから、オムチアとソガエットそしてオムソットという、IKTTの中核となる師匠クラスのメンバーが確定した。以来、ソガエットは工房での制作面における総責任者として、若手の指導に当たってくれている。

道具に表れる思い

工房の二階は、ショップ兼ギャラリーとして、これまでに収集してきた古い織りの道具——滑車や筬、経巻具など——の展示と、IKTTで制作した絣布や自然染料で染めた手織りのシルクをディスプレイした。

復元のためのマスターピースとしての古布と同様に、織りの道具類も、村やプノンペンの骨董品の店で見かけたものを少しずつ集めていた。手の込んだ彫りが施された道具を見ていると、いったいどんな人が使っていたのだろうと想像したくもなる。たとえば、経糸を上げ下げする綜絖《そうこう》を吊り下げるための小さな滑車。その滑車の頭には、鳥の飾りが刻まれている。鳥は、天と地上をつなぐ象徴であり、それが意味するところは縁起のよさである。その他にも、ナーガと呼ばれる竜神を頭にもつ糸引き車や、ナーガが絡むように彫り込まれた整経具、あるいはアンコールワット壁面の浮彫りを思わせる模様に包まれた括り用の枠木など、どれもが使い継がれてきたものである。

多くの場合、織り手のご主人が、いい織物を作ってもらおうという気持ちを込めてきれいな細工を施したものだ。カンボジアには、道具に対する思いやりを表わすような木彫りや飾りを施した織りの道具類が少なくない。これらの道具たちは、日常生活のなかで織物を生きた伝統として受け継いできた文化が、この国に存在していたことの証でもある。こうした道具類は、今では海外のコレクターのコレクションアイテムとして人気があるようで、訪問者のなかにも、展示してある道具を「売り物なのか」とたずねてくる人がいる。

タケオの村から、新しい織り機ができあがったという連絡があった。村の腕のいい大工さんに、織りった。

機の制作を三台、頼んでいた。その織り機をタケオから引き取るついでに、プノンペンの事務所に残っていた机や椅子などもシェムリアップに運び込んだ。ようやくこれで織り機も五台。研修生もさらに増えて、ＩＫＴＴの活動は十五人体制になった。ふと気がつけば、はや四月、カンボジア正月も間近であった。

研修生たち

ＩＫＴＴの、日本語での名称は「クメール伝統織物研究所」である（英語名はInstitute for Khmer Traditional Textiles）。「伝統織物」の「研究所」の研修生というと、皆さぞかし、染め織りの技術に長けた人たちが集まっているのだと想像する方もいるだろう。事実、日本の美大生や、欧米のアパレルメーカーで働いているという方からの売り込みというか、就職打診のメールをいただくことがある。

しかし、ＩＫＴＴに「働きたい」とやってくるカンボジア人のほとんどは、それまでに染め織りの経験がまったくない女性たちである。ＩＫＴＴのゼネラルマネージャーとして、カンボジアＮＧＯの集まりや商務省の会合に出席するようになっていたバンナランにしても、工房で働き出したときは、生糸（絹糸）と木綿糸が別モノであることも知らなかった。生糸をきれいにするセクションでの仕事を始めたとき、「このオンボッ（綿糸）は……」と口にして、おばあたちに大笑いされたという。

じつは、カンボジアにおいても日本と同様に、手織りの織物制作は、日常のなかで一般的なものではない。村に入ればどこでも織物をやっているというわけではないし、町に暮らす人たちにとっては、織り上げられたシルク、つまり商品としての絹織物は目にしても、その制作工程を見ることはまったくといってない。つまり、バンナランの〝失言〟は決して責められるべきものではない。

彼女たちの多くは、貧しさから「ここで働かせてほしい」とやってきた。だが、IKTTはいつもぎりぎりのところで仕事をしている。余分な、というか遊んでいるお金はまったくない。予算があって人を受け入れるわけではないのだ。それゆえその場で受け入れることは基本的にしていない。「いま、ウチはいっぱいで、人を増やす余裕はありません」と断わり、求職票に名前や年齢を書き込んでもらい、「しばらくしたら、三か月くらいしたらきてみてほしい」と伝えることになる。無尽蔵に給料を出せるわけではない。わたしが断ったことで、他を訪ねて仕事が見つけられるならそれでよし、なのである。

でも、本当に食べるものすらない人は、次の日にもまた訪ねてくる。その場合は、採用となる。

＊＊＊

当時のシェムリアップの工房は、のんびりとしたものだった。十一時を過ぎるころになると、研修生の何人かが昼食の準備を始める。工房の奥にある炊事場で米をとぎ、かまどで火を熾《おこ》す。やがて、ごはんが炊き上がると、何人かのグループで食事を始める。市場で買ってきた干魚と野菜で作ったスープを囲む者たちがいる。お湯を沸かしてインスタントラーメンをひとつ作り、それをおかず代わりにごはんを食べる者たちもいる。働く人数の増減はあるものの、工房開設当初から、かわらぬひとコマである。

とはいえ当時は、まだ皆が貧しかった。おかずもなく、プロホックだけでごはんを食べている研修生もいた。現在のシェムリアップの状況からは想像しにくいだろうが、二〇〇〇年当時は、夜になるとIKTTの前のシェムリアップ川沿いには灯りひとつなく、ときおり通るバイクのヘッドライトが道を照らす以外は、真っ暗闇になった。研修生たちの着ているものも、ずいぶんとくたびれた、穴のあいた衣

仕事が終わり、家路につく研修生たち

類が多かった。

研修生を受け入れ始めて一年もしないうちに、「ここで働かせてほしい」と訪ねてくる者が増えてきた。観光客が集まるシェムリアップでさえ、仕事のない人たちがたくさんいた。中古の自転車で二時間以上もかけて、遠い村からIKTTに通ってくる女性たちがいる。その自転車を買うためのお金を貸すこともしばしば。そんな、村の貧しい女性たちが研修生の主力になっていた。

それゆえ、工房で働く研修生たちにせめて昼メシくらいは腹いっぱい食べてもらおうと、昼食用の米をわたしが現物支給していた時期もある。炊事場の近くに米びつを用意し、都度それを補充するようにした。多いときは、一日で約五〇キロの米がなくなった。「今日、食べる米が足りないから買ってきて!」と、当時の日本人スタッフだった高口しのぶさんに市場へ走ってもらったこともあった。

あまりに米が減るのをみかねて、タケオの村からきてくれたおばあのひとりが「もうやめたほうがいいんじゃないか」とわたしに忠告してくれた。じつは、家族の夕食の分までを持ち帰る者もいたようだ。

村の原風景

シェムリアップにＩＫＴＴを移転し、そこに工房を立ち上げようと決めたときから、わたしはその工房が、村の一角であるようなものにしたいと考えてきた。生活のなかに織物がある風景を実現すべく、できる限りの努力をしてきたと思っている。

なぜ、「村の一角にあるように」ということにこだわったのか。

そこには、原風景とでもいうべき、これまでのわたしの体験がある。それは、大きく二つの要素が重なっている。ひとつは、わたしがこれまで目にしてきた、いくつかの織り手が暮らす村のたたずまいである。その原型ともいえるのは、一九九四年にタケオのペイ村をはじめて訪ねて以来、その村と周辺で目にしていた光景であり、それを補完するのは、一九八三年以来訪ねている東北タイのクメール系の織り手が暮らす村で目にしてきた光景である。――木造高床式の伝統的家屋の階下には、一台か二台の織り機が置かれ、柱と柱との間にはハンモックが結ばれ、揺れている。雨水を溜める大きな水がめが並ぶ。家の裏手には、ジャックフルーツやカポックが梢を広げ、庭先にはココヤシやパパイヤ、マンゴーの木が影を落としている。バナナやキャッサバなどの植え込みもある。そんな木々の根元の地面をつついているのは、ニワトリやアヒルの群れ。牛や痩せイヌもときおりうろつく。家の回りの手の届くところに、染め材となる植物や暮らしに必要な材料があり、村びとたちは、その素材となるものを育て、それらを生かす暮らしを続けてきた。女たちは桑の葉を摘んで蚕を育て、生糸を引き、織物をする。竹を編んで籠やザルを作る。男たちは、妻のため、娘のために、織り機を作る。そんな村の暮らしの風景である。

そしてもうひとつは、そうした村で当たり前のように行なわれてきた、村の生活の営みのかたち、とでもいえようか。たとえば、カンボジアは母系社会である。家は女が継ぐ。それも末の娘が家系を継ぐのが一般的である。ここに、母から娘へと、伝統織物の技術が確実に伝えられてきたシステムの一端がある。それは、家系のみならず、暮らしの知恵や技術などが、いわば「手の記憶」として次の世代に自然に継承されるシステムといえよう。

ＩＫＴＴでは、実際の「母」から「娘」へというわけにはいかないものの、わたしは伝統的な技術を身につけていく作業は、時間をかけて行なわれるものだということを十分理解している。わたし自身の手描き友禅時代の経験からして、ＩＫＴＴの研修生たちの仕事も、十年やってようやく一人前、基本編が修了くらいのつもりでいる。定められたカリキュラムをこなして終了証をもらって終わり、というようなトレーニングセンター方式で、身につけられるものではない。

南風原「アジア絣ロードまつり」

二〇〇〇年十一月、台北経由で沖縄へ向かった。南風原町で開催される「アジア絣ロードまつり」に参加するためである。この催しを知ったのは、偶然のこと。シェムリアップのＩＫＴＴを訪ねていらした沖縄の方から、「今度、南風原町でアジアの絣のイベントがあるのですよ」とうかがった。そして「森本さんも、そこに参加してはどうですか。知らないわけでもないので、わたしが南風原町の方に紹介してあげますよ」というかたちで話は動き出した。

「アジア絣ロードまつり」は、琉球絣の産地として知られる南風原町の町制二〇周年記念イベントのひとつとして、南風原文化センターによって企画されたものだった。タイ、フィリピン、インドネシア、インド、そしてウズベキスタンから絣布の織り手あるいは研究者を招き、二日間にわたるシンポジウム、セミナー、そして展示と販売を行なう予定のプログラムに、わたしは自主参加させていただいた。すでに町の記念行事として動き出していたところに飛び込み参加することになり、実質的な運営を担当していた平良次子さんには、いろいろと迷惑をかけたことと思う。

このとき南風原町では「アジア絣ロードまつり」のほかにも、琉球絣による「絣ファッションショー」や、日本の絣産地から関係者を招いた「絣サミット」などのイベントも並行して開催されたこともあり、会場には、琉球絣をあしらったシャツやワンピース姿の人たちや、日本各地の織物好きの人たちが集まり、なかなかの盛況であった。なによりうれしかったのは、多くの方たちが、当時ほとんど知られていなかったカンボジアの絣布について興味を抱いてくれたことである。わたしの担当したセミナーは、会場に立ち見が出るほどであった。

インドのグジャラート州から、ダブルイカット（経緯絣）で知られるパトラ織りの実演にやってきたサルビ氏とは、お互いの絣布の出来を讃え合い、持参した布を互いに購入しあった。バリ島（インドネシア）のテンガナンの若い織り手とともに参加された榊原茂美さんとは、観光地で伝統織物を担う若手の織り手たちを、どうやってその気にさせたらいいのかという話で盛り上がった。

会場には、沖縄の織り手の方たちも多数来場されていた。また、琉球絣の産地ということもあり、染め織りの制作には携わっていなくても、絣を身近に感じる方たちがたいへん多いという印象を受けた。会場で「カンボジアの絣です。シルクの草木染めです。触ってみてください」と紹介すると、布に顔を近づけて匂いを嗅ごうとする方が何人もいたことも印象に残っている。また、カンボジアの絣布と、沖縄で行われている自然染色や絣柄との共通性もあるようで、わたしが持参した矢絣風のストライプを手にとって「××さんの縞柄と同じだわ」とか、ライチとインディアン・アーモンドを重ね染めしたスカーフを見て「これシャリンバイで染めたんでしょ？　え、違うの」などと口にされる方もいた。この南風原町での経験は、沖縄とカンボジアが、染織の世界でも非常に近い関係にあることがわかり、わたしにとって大きな励みになった。

もうひとつわたしが得たものは、「アジア絣ロードまつり」のメインコーディネーターを務めた民博（国立民族学博物館）の吉本忍氏との出合いである。以前、わたしが民博の田邉繁治先生を訪ねたとき、そのすぐ横で「これからインドネシアへ行く！」と忙しく荷作りしているところをお見かけしていたが、そのときは紹介していただく間もなかった。また、雑誌『染織と生活』の創刊号（一九七三年四月号）に執筆された、ティモールの絣についてのレポートも読んでいたので、その名は記憶にあった。

同じ京都出身で、歳も同じというだけでなく、彼の「伝統工芸は革新的でなければならない」という主張と、わたしの「伝統は守るものではなく、創るものであり、常に変化してきたもの」という考え方など、いろいろな点で波長が合ったようで、会期中の三日間、タバコを吸いに会場から抜け出して顔を合わせると、二人でしゃべり続けていたような気がする。――染織の研究者の場合、どこか特定の地域の染織を専門する人が多いが、吉本氏は、インドネシアのバティック研究を振り出しにしつつも、世界各地の織物の多岐にわたるさまざまな要素（素材となる糸、織り機の構造、染色方法、図柄のバリエーションなど）の現場に通じていた。わたしが三十年以上前にタイの山岳民族の村で見た不思議な柄の織物のことや、カンボジア・ユネスコの調査のときにある村で目にした織り機の特徴について疑問に思っていたこと、あるいは異なる土地の織物との共通項などについて口にすると、さまざまな現場での知見を踏まえての関係性や可能性について指摘され、布を通して見えてくる世界を広げてくれた。

その後も、タイやベトナムでの調査の合間に時間を割いて「伝統の森」まで足を延ばされたり、コンポンチャムのチャムの織り手の村に出かけたりと、その度になんらかの新しい示唆をいただいている。

染め織りの素材が身近にあるということ

わたしが一九九五年にユネスコの調査でカンボジア各地の村々を訪れた時点で、カンボジアの赤い染色素材として重要なラックの生産は確認できなかった。カンポット州では、かつてラックカイガラムシを生息させていた木々が村にあったことは確認できたものの、ラックカイガラムシそのものは消えていた。

繁殖期に新しい枝に移動する習性を利用して、ラックカイガラムシが移動したあとの枝（についた巣）を回収する（枝からはずした状態のものをスチックラックという）。ラックの産地は、ウッタルプラデッシュ州やアッサム州などのインド北東部、ブータン、ネパール、ビルマ、中国雲南省、ラオス、タイ北部、そしてインドネシアなどである。

ラックは、染色以外でも、さまざまな分野で使われる素材である。いまでは化学合成されたものが主流になったが、塗料のラッカーは、このラックに由来する。ＳＰレコードは、ラックを精製したシェラックとカーボンブラックを混ぜたもので作られていた。また、糸や布の染色のみならず、食品の着色料としても使われる。身近なところでは、あんパンのあん（餡）、カニかまぼこの赤、カキ氷にかけるイチゴシロップなど、食品のラベルに「ラック色素（ラッカイン酸）」と表記されているのがそれだ。

最近では、プノンペンのマーケットにラオス産のラックが出まわるようになったが、シェムリアップに工房を開設したころは、昔からつきあいのあった北タイの村から、バンコクまでラックを届けてもらい、それをわたしがシェムリアップへと運んで、使っていた。

わたしがタイ時代に確立したラック染めの方法は、枝からはずしたラックを細かく刻み、さらにすり潰したものを、水に浸して色素を浸出させ、その液を布で濾して染色に使うというもの。一方、タケオなどの織り手へのインタビューから判明した染め方は、砕いたラックに湯を注ぎ、練ってモチ状にしてから、それを溶かして染め液を作っていたという。この二つの違いはどこからくるのかと思っていたのだが、あるときふと気がついた。前者の、わたしの染め液づくりの方法は、村から取り寄せた乾燥したラックの使用を前提としたもので、後者の、カンボジアの織り手たちのかつてのやり方は、新鮮なやわらかいラックの使用を前提としたものだった。新鮮なラックほど、鮮やかな赤が染まる。

その事実に気づいたとき、わたしは染め織りの素材が織り手の手の届くところにあることの重要性を改めて認識した。

森をつくる

バンコクに所用があって出かけた一九九九年十一月のある日、バンコクエアウェイズの窓際に席を得たわたしは、眼下に広がる大地を眺めていた。プノンペンからバンコクまでのフライトは一時間足らず。それはカルダモン山脈の上空からタイ国境へと至る、マライ山近くの深い山並みを眺めていたときだったかもしれない。

そのとき、突然ひらめいた。——森をつくる。

森をキーワードにして、現在のＩＫＴＴの抱える多くの課題がクリアできる。そんな予感がした。カンボジアの大地から消えてしまったラックカイガラムシが繁殖できる森の創出と、それを取り囲む熱帯モンスーン林の再生。プロフー、インディアン・アーモンド、スオウ、ベニノキなど、染料となるさまざまな植物の栽培。そして藍染めの復活。藍畑は、どうしても作らねばならない。また、生糸の安定供給を実現するためには、自前の桑畑も必要だ。生糸のみならず、かつてはメコン河の河岸段丘一帯で広く行われていた綿花栽培をも復活させ、木綿の布づくりにも着手したい。

そして、これら織物素材が手に届くところに工芸村をつくる。染織のみならず、紙漉き、竹細工、木工、焼き物、そして鍛冶屋など、生活に必要なものをそこで生産し、技術を継承し、そのことで生計を立てていける村をつくる。そこに暮らす人びとのために、バナナやココヤシなどの果樹のほか、竹林やカポックなどの生活林も必要になる。こうしたことを、個々のプロジェクトとして立ち上げていくには、時間も資金も人手も足りなかった。ないないづくしである。しかし、「森をつくる」ということに集約してしまえば、これらのことが一連の作業として有機的に結びついて実現できるのではないか。そのアイデアを、わたしは簡単な絵地図とともにノートに書きつけた。

二〇〇一年一月の末には、活動計画案とでもいうべき草案をまとめ、何人かの親しい知人たちに意見を求めた。同時に、織物を支える豊かな自然環境としての生きた「森をつくる」というアイデアを実現すべく、わたしはあちこちの土地を見てまわり始めた。

シェムリアップの郊外、空港の近くの土地に手付金を払おうとしたこともある。が、昨今のホテル建設ブームを考えると、数年後にはその土地の周辺はすっかり囲い込まれてしまっているであろうし、森を拡張しようにも、土地代はおそらく手の出せる値段ではなくなっていることは間違いなかった。タイ国境近くの町、ポイペト近郊の元ポル・ポト派の兵士たちが暮らす村の周辺を検討したこともあった。そこは、周囲に自然環境は十分に残されていたのだが、いかんせんシェムリアップからは遠すぎた。村びとが元兵士であればなおさらのこと、彼らに自然とのつきあいかたを一から教えなければならない。そう考えると、シェムリアップから遠いことがプラスになるとは思えなかった。その他にも、いくつかの候補地を検討してみたが、わたしが外国人ということもあり、どれも考えていた価格よりも一桁高い土地代が提示される。半年近く土地探しをしたが、なかなかこれという物件が見つからず、なかば諦めかけていた。

それでも、二〇〇一年十一月の日本での報告会に出発する直前には、どこに森をつくるのかは決まらないものの、草案をもとに呼びかけ文をつくり、「シェムリアップ　伝統の森再生計画」という一枚の趣意書をまとめ上げた。――当時、それを読まれた方は、突然「森をつくる」と言い始めたわたしを怪訝に思われたのではないかと思う。しかし、それから十年、小さな森を再生するまでになった。

新しい作業グループ

趣意書は書いたものの、「伝統の森再生計画」の候補地は見つからない。だが、土地を取得してから苗を育て始めたのでは、時間がかかる。今から苗を育てておけば、ある程度に育った苗木を植えつけられる。そう思って一年以上前から庭の植え込みの片隅で、桑の苗を育て始めていた。それをもう少し本格的に取り組もうと考えた。

シェムリアップの工房の空いているスペースで、桑の木は挿し木で、染め材にする植物は種から育て始めた。それを担当するのが「プラント組」とわたしが呼ぶ作業グループである。植物の苗を育て、ゆくゆくは「伝統の森」での栽培も担ってもらう。

桑の木は、比較的荒れた土地でも育つ植物だという。だが、荒れ地に植えてほったらかしておいても、ぐんぐん育つというわけではない。それなりに世話が必要だというのは、どんな植物でも同じだろう。きびしい乾季のあるカンボジアでも、最低限の面倒をみていれば植物は育っていく。二〇〇〇年にシェムリアップで工房を始めたとき、二階に上がる外階段の横に、わたしは一本の桑の苗を植えた。日々の水遣りを欠かさず、十分に日を浴びたそれは、途中で何度も桑の葉を摘み、枝打ちしているにもかかわらず、今では二階の庇に届くまでに大きく育っている。

＊＊＊

プラント組と前後して、もうひとつ新しい作業グループを作った。「お絵描き組」と呼んでいる。彼女たちは、朝八時から夕方五時まで、絵を描くことが仕事である。主に植物本の模写をしている。ときには外で写生もする。絵を描いて、他の研修生と同じだけの給料をもらっている。二十代のはじめ、手

始まったばかりの「お絵描き組」

書き友禅の修行をしていたころ、わたしは親方からタバコ銭程度しか貰っていなかった。その親方の工房の物置には、江戸時代の木版の花鳥画の原本がたくさんあった。その写生をしたことが自分の絵を描くという作業のなかで、どれほど役に立っているかと今も思う。「お絵描き組」の彼女たちにも、そんな環境を提供できたらと思っている。

十代のころ、わたしは油絵描きを目指していた。アンディ・ウォホールの複製画は、色あせながらも今もわたしの部屋に掛かっている。どうしても使いたい色の絵の具を買うために、食事代を削っていた記憶もある。当時のわたしは、いわゆるマセガキだった。定時制高校に通いながら、アルバイト先で知り合った自称「詩人」や絵描きの卵、三〜四歳年上の大学生たちの議論の輪に加わり、『マルクス＝エンゲルスの芸術論』やヘーゲルの『美学講義』などを繰り返し読んでもいた。

彼女たちの絵は、最初は子どもの落書きのようだった。それが、一年もするとなかなか素敵な絵を描けるようになった。筆を持ったこともなく、はじめたころは黄色と青の絵の具を混ぜて緑になることも知らなかった彼女たちが、今では淡い中間色も使いこなせるようになった。当時、シェムリアップの町には、絵の具も筆も売られていなかった。必要な画材は、わたしがタイや日本に行ったときに買ってくる。学校に図画工作の授業もない。復興半ばのこの国には、まだ絵を描く環境が十分整っていない。そのことを知って、最近では日本から画材を寄付していただくこともある。うれしいことだ。

一日中絵を描くということは、簡単なことではない。集中力がなければ続かない。また、いいかげんな絵を描いていれば、ウソを描くなと、わたしからダメ出しも出る。彼女たちの美意識を磨くこと、物を見る目や表現する力を育てること、それは将来のＩＫＴＴにとって、わたしたちの絣布が次のステップに進むために必要となる。新しい「伝統」を作り出すためには、なくてはならないものだ。

最近では、ＩＫＴＴを訪ねてこられた方から、ポストカードに絵を描いて販売してはどうですか、と声をかけていただけるほどに、彼女たちの腕は上達してきた。このなかから、ゆくゆくはシェムリアップを代表するような女流画家が育ってくれればうれしいと思う。

素材を生かす仕事

シェムリアップで始まったＩＫＴＴの工房は、伝統的な絹絣の制作工房であるとともに、いわば寺子屋式職業訓練所でもある。あらかじめ定められたカリキュラムをこなしていくトレーニングセンター方式ではなく、かつてカンボジアの村で母から娘へ、手から手へと染め織りの技術を習得していたように、時間をかけて仕事を身につけていく。

ＩＫＴＴで働き始めた研修生の多くがはじめに担当するのは、生糸をきれいにする仕事である（この仕事を担当するグループを、わたしは「生糸組」と呼んでいる）。手引きされたままの生糸には、節があったり繭殻がついていたりする。糸の太さも均一ではないため、そのままでは織り機に掛けられない。それゆえ、生糸から繭殻やゴミを取り、節の残るところや太いところをはずしてつなぎ直し、織り機に掛けられる状態にするための作業が欠かせない。また、生糸をつなぎ直す作業は、絣布を織り上げるまでの工程のなかでも日常的に発生する。この仕事をすることで、研修生たちは生糸の扱い方の基本を身につけていく。じつはこの作業、たいへん手間がかかる。一枚の腰布を織り上げるために必要な糸を準備するのにおよそ一か月。タケオなどの村の織り手たちは、その手間を省くため、仲買人が持ち込む機械引きの生糸を使うようになっている。だが、手引きの生糸で織り上げた布の風合いは、機械で引かれたそれとはまったく異なる。その一枚を作りきる仕事であるなら、手間をかけるにじゅうぶんに値すると思う。

時間のかかる仕事ではあるが、その作業だけを見ればさほど複雑なものではない。織物の村では、年老いて視力が落ちたり、筬の打ち込みをするだけの力仕事ができなくなった高齢のおばあたちの仕事でもある。慣れてしまえば、近くの者と、噂話をしながらでも続けられる。したがって、ＩＫＴＴの工房でも、染め織りの仕事に就かず、この作業が好きな女性もいる。

生糸組の仕事と並んで、ＩＫＴＴで働き始めた研修生がはじめに配属されるセクションがもうひとつある。「マテリアル組」である。ここでは、染め材の材料を準備する。プロフーやライチなどの自然染料を煮出して染め液を作るにあたり、プロフーの樹皮や、ライチの心材を、細かく刻む作業を担当する。ラックの場合は、ラックカイガラムシの巣を枝からはずし、細かく刻み、さらには石臼ですり潰す。常温で色素を浸出させてラックの染め液を作るため、細かくすり潰す作業が必要となる。こうした作業は地味ではあるが、生糸の準備と同じく、自然の恵みを色にするためには欠かすことのできない作業であり、自然と触れ合う実体験の第一歩といえるかもしれない。

＊＊＊

生糸組やマテリアル組と同様に、現在のＩＫＴＴの絣布の制作に欠かせない存在となったのが「芭蕉組」である。

カンボジアのお盆にあたるプチュムバンのときに作る、オンソームというチマキのような食べ物がある。モチ米をバナナの葉で包み、紐で結わえたもの。このとき使われるのが、チェークロアップという種類のバナナで、種があり、果実を食べるバナナとは異なる。このバナナの葉は畳んでも折れず、幹の繊維から作った紐は丈夫なので、オンソームに使われるようになったのだと思う。ちなみにバナナとは、バショウ科バショウ属の草本で、その果実を食べるものの総称である。実芭蕉ともいう。一方、繊維を利用するものを糸芭蕉という。沖縄の喜如嘉や西表島などの芭蕉布に使われているのも、糸芭蕉である。この芭蕉の紐が、かつては絣の括りにも使われていたことを、あるとき知った。ＩＫＴＴのおばあたちにそのことをたずねると、たしかに昔はそうしていたという。現在では、織物をするほとんどの村で、荷造用のプラスチックの紐で括るようになっているが、昔のような細かい繊細な柄の括りは、プラスチックではできない。

絣という染色技法は、織り上げる前の糸を括って染め重ねることで布に模様を作っていく。これは先染めという技法。カンボジアの絹絣の場合、緯糸となる生糸を紐で括り、染め液に浸す。生糸を紐できつく括ったところには、染め液が染み込まない。染めたい部分を残してあとは括り、その糸を染め重ねてゆく。文様にしたがって細かい間隔で括られた緯糸の、その括りと括りの間にまでしっかり色を入れるため、染め液に浸した糸の束を木の板に何回も叩きつける。最近ではアルミの大きなタライが板の代わりに使われている。そこに叩きつけ、また染める。この作業の繰り返しに、プラスチックの紐では耐えられない。しかし、簡単に染まる化学染料であれば問題ない。簡単に染められる化学染料とプラスチックの紐のコンビが、当たり前になっている理由である。

括りの紐をつくるために芭蕉の皮を剥ぐ

わたしたちも、はじめは村でしているようにプラスチックの紐を使っていた。が、その限界が見えてきた。括りと染めを繰り返すうちに、括りの紐がゆるみ、染め色が浸透してしまう。その結果、絣の柄がぼやけてしまうのだ。そこであるときから、この括りの紐に芭蕉の紐を使うようにした。

芭蕉の幹の表皮を薄く剝き、細く裂いて乾燥させる。この紐で、生糸を括って染める。水に強く、濡れると絞まる性質がある芭蕉の繊維は丈夫で、何度も染め重ねる作業に向いている。これも、先人の知恵。古い絣布の細かい柄のシャープな仕上がりは、この芭蕉の糸によって得られていた。

芭蕉紐も、はじめたばかりのころは、おばあたちに「こんなのでは括れないよ！」と叱られていたが、半年もするうちに使えるものができるようになってきた。

神の恵み

研修生の増加とともに、ＩＫＴＴの工房では、制作工程ごとの作業を担うセクションが新しく生まれていった。しかし、「伝統の森」再生計画を実施すべき土地はなかなかみつからなかった。なかば諦めかけていたころ、研修生のひとりから土地を買ってほしいという話が持ち込まれた。彼女はつい最近、夫を亡くし、仕事をしばらく休んでいて復帰してきたばかり。

値段の高い土地ばかりを紹介されていたから、土地を見る前にまず値段を聞いてその安さに驚いた。そして、現場を見て驚き、もう一度恐る恐る値段を聞き直した。即決。地元の人から見れば、それでも少し高めなのかもしれないが、これまで誰もそんな値段を提示してくれなかった。わたしは、これは神の恵み、だと思った。こうして二〇〇二年七月、「伝統の森」再生計画は、そのプロジェクト地をようやく確定することができた。

アンコール遺跡群の後背地には、プノムクーレンという山並みが控える。そこは、アンコール王朝発祥の地とされる聖なるところ。そこから流れ出したシェムリアップ川は、バンティアイスレイ寺院を過ぎてアンコールトムに至り、やがてトンレサップ湖に注ぐ。そのプノムクーレンからアンコールトムへの中間地点あたりに「伝統の森」は位置する。シェムリアップ市街から北へ約三〇キロ、かつては豊かな森が広がっていたのだろうが、長く続いた内戦とその後の混乱のなかで伐採が繰り返され、わずかな潅木が茂るだけの荒地となっていた。すぐ脇を小川が流れているが、水の心配はないように思える。この約五ヘクタールの土地に、桑畑と綿花畑、そしてラックカイガラムシのための森、そして自然染料となる木々を植え、ゆくゆくは工芸のための集落を併設しようと思う。夢は広がる。

テキスタイル・ラバー

二〇〇二年九月、マサチューセッツ州ノーサンプトンにあるスミスカレッジを会場に、TSA（テキスタイル・ソサエティ・オブ・アメリカ）主催のシンポジウムが開催された。アーリーアメリカンというのだろうか、アメリカ東部の歴史を感じさせる大学のレンガ造りの校舎群。そんな外見に反し、建物の中は超モダンな設備になっていた。伝統と現代が共存した姿は、わたしにある種のカルチャーショックを与えた。不思議な町であった。

シンポジウムの参加者は三〇〇人強。その多くはアメリカ、カナダそしてイギリスの博物館などの学芸員や織物の専門家たち。今回のシンポジウムのテーマは、シルクロード。ノーサンプトンは一六五三年に始まった由緒ある町で、かつては養蚕が盛んだった。古い養蚕関係の設備などが保存されている。

フランスのリヨンのみならず、アメリカにもこんなところがあることをはじめて知った。

わたしはカンボジアの伝統織物の現状と、その復興へのＩＫＴＴの取り組みを報告した。他の報告者の多くがペーパーを見ながらの発表に対し、ペーパーの準備のないわたしは、会場の方々の顔を見ながら話したせいか、好感を持って受け入れられたようだ。わたしの発表には二〇〇人ほどが出席。お世辞もあるとは思うが、今回のシンポジウムでいちばん印象深い報告だったと、多くの方から声をかけていただいた。とくに「心（スピリット）のこもっていない布はハンドメイドとは言わないのだ」という発言が受けたようだ。織り手だけで布が作られるのではなく、その素材を作る人たち、道具を作る男たち、そんな多くの人たちの思いが一枚の布には込められているのだ、ともつけくわえた。

こうしたイベントの参加者のなかには、わたしが〝テキスタイル・ラバー〟と呼ぶ人たちがいる。今回も、カンボジアの絣について、かなり細かいことを質問してきた女性がいた。その彼女が自分のコレクションだという写真を見せてくれた。すごい。カンボジアの絣だけで五十枚以上。そのうちのいくつかは、ほんとうに特別な、手の込んだ仕事が施された布たちである。彼女は、アリゾナのミュージアムの学芸員で、専門は古絨毯。その買いつけのために、バンコクのアンティークショップを訪ねているうちに、目当てのカーペットの横にあるカンボジアの古布に目が留り、気がつけばコレクターに、ということらしい。わたしが、このシンポジウムに参加することを知って、写真を用意してくれた。

海外でコレクションされたカンボジアの古い絣布を見るたびに、わたしはカンボジアの昔の織り手たちに、頭が下がる。そして、わたしたちＩＫＴＴも、早くその高みに追いつかなければ、と思う。

今回のシンポジウムへの出席は、シアトルにあるワシントン大学の東南アジア研究センターの研究者からの要請による。シンポジウムの東南アジアセクションの責任者も務める彼女は、ラオスのモン族の両親を持ち、今はアメリカに暮らす。数年前にバンコクで催された東南アジアのテキスタイルのセミナーで出会った。その後、IKTTのホームページも読んでいて、シェムリアップのIKTTを訪ねたアメリカの織物研究者などからも活動の状況を聞いたうえで、わたしに声をかけてくれたのだった。

シンポジウム最後のプログラムである日帰りツアーで、わたしはアメリカの産業革命発祥の地、ローウェルという町を訪ねた。一〇〇年ほど前には大きな紡績工場がいくつもあり、とても栄えた町だという。そこで働く女工さんの多くはポーランドやギリシアからの移民で、そこにはユダヤ人も含まれていた。彼女たちが暮らした宿舎がそのまま記念博物館になっていて、残された生活用具が当時の様子を伝えている。展示されていた日記には、自分の家が持てるようになったら、と蚕棚のような宿舎で思い描く夢が記されていた。アメリカの歴史は移民の歴史、改めてそのことに気づかされた。

そして、なんとこの町には、難民としてアメリカに渡ったカンボジア人が二万五〇〇〇人も住んでいることを知った。

スミソニアンの絣布

じつは、アメリカまで行くのであれば、ぜひともこの目で見てみたいものがあった。

ワシントンDCのスミソニアン博物館にあるカンボジアの絣布である。一八五六年にタイのモンクット王がフランクリン大統領に寄贈した、制作年代が確定できるカンボジアの絣布のうちで最古のもの。普通に展示されていると思っていたのだが、国王から大統領に贈られた品ゆえ、郊外の収蔵庫に特別に保管されていた。そのため、旧知のスミソニアン学芸員の友人が骨を折ってくれた。普通であれば数か月前に書類を出し、許可を取る必要があるらしい。それを、その日に訪ねて行って、見て、触ってしまった。わざわざカンボジアからそのためにやってきたということで、担当者の好意を得られたようだ。絣の布が四点、華奢な絣の柄のリピートもさることながら、その色の美しさに改めて驚かされた。とりわけ、年代を経た藍色の美しさがすばらしい。タイの王様が、カンボジアの織り手にオーダーして織らせた特別の布である。当時のカンボジアの織り手の、その技の証であった。

翌日は、ワシントンDCのオフィス街にあるカンボジア人のオーナーシェフがいる洒落たシーフードの店で、カンボジア大使と昼食をご一緒させていただいた。その際に、スミソニアンの絣布の話をすると、大使もそれは知らなかったと驚かれていた。

ワシントンDCでは、テキスタイル・ミュージアムも訪れた。一九九〇年、わたしがバンコクでシルクの店「バイマイ」をやっていたころ、アメリカ人の織物研究者から、テキスタイル・ミュージアムからの仕事として、東北タイの自然染色のレポート作成を依頼された。それ以来のつきあいである。

その後、ワシントンDCからシアトルへ移動。シアトルのワシントン大学の東南アジア研究センターの人たちが、東南アジアの生活と布を紹介するイベントを企画していた。地元に暮らすベトナムやインドネシア、ビルマの人たちが歌や踊りを披露するイベントがシティホールで催され、会場には各国の布も展示販売されていた。シアトル周辺に暮らすアジア人の人たちも集まり、盛況であった。大学のなかにあるアートギャラリーで、東南アジアの布をめぐる講演会が催された。わたしも報告者のひとりとして、カンボジア内戦の傷跡と伝統織物について話をした。スミスカレッジでもそうだったのだが、報告者のほとんどは学芸員や研究者。わたしのように現場で伝統の布の復興と活性化に取り組んでいるという話は新鮮だったようで、講演後、多くの人から質問や励ましを受けた。シンポジウム会場の準備を手伝ってくれた、七歳まで難民キャンプにいたというカンボジア出身の女子学生と話すこともできた。

はじめてのアメリカ巡業で、ほんとうにいろんな人たちと出会うことができた。それがいちばんの収穫のような気がする。いつも思うのだけれども、人の縁、織物の話をするときも、やはり基本は人であり、その心、そのつながりが大切だと思っている。

仕事をつくる

五人の研修生から始まったシェムリアップの工房は、二〇〇二年十月には、一四〇人を超えていた。この半年近く、「ここで働かせてほしい」とＩＫＴＴにやってくる人が絶える日はほとんどない。多いときは、一日に二十人以上。その日の朝も、三人の女性がやってきた。わたしが、もういっぱいだからまた数か月してきてほしいといっても、しゃがみ込んだまま動こうとしない。

「両親がいなくて、今日のお米を買うお金がない」と言う。

ウチは福祉事務所じゃないんだ、とつい言いかけてしまう。

別の女性は、「もう村に帰るお金もありません」

わたしは鬼か、と思いたくもなる。でも、ＩＫＴＴのキャパシティも限られている。これ以上、人を増やすことはできない。それでも毎日のように人が訪ねてくる。

ある時期から、生活に本当に困っていると思える人を研修生として優先的に受け入れ始めた。結果として、両親のいない、あるいはダンナさんのいないない女性の比率が高くなった。そんな噂が広まっているのか、同じような境遇の女性が仕事を求めて、本当に遠くからやってくる。

カンボジアの現状はといえば、プノンペン周辺の縫製工場を除いて、女性が働ける場所はないに等しい。シェムリアップは、他の地域に比べれば観光のおかげで町に活気がある。それでも、働ける人の数は限られている。IKTTでは、一四〇人を超える人が働いている（その後、二〇〇四年には五〇〇人を超えた時期もあった）。おそらく単独の事業所としては、いくつかの大型ホテルの従業員二〇〇人クラスのところを含めても、ベスト五に入ってしまう規模かもしれない。そして、それだけの人がなんとか食えている。その家族までを数えれば、六〇〇人以上の人がIKTTの布の売り上げで生活していることになる。でもこれ以上、人を増やすことは、現状では難しい。IKTTの活動の目的は、伝統の織物の復興と活性化である。それが、当面の目的は女性の自立を支援すること、働く女性とその家族が食べていけるようになること、に変わってきた。その結果として、伝統の技術と経験が生かされ、伝統の織物が生きてゆく。

カンボジアの伝統織物の担い手となる女性たちの暮らしを助け、生活を安定させること。彼女たちの自立を促さなければ、わたしたちIKTTが目指しているカンボジアの伝統的絹織物の復興と活性化はおぼつかない、そう考えるようになっていた。そして、ここで働く皆の仕事をつくる、それがわたしの役目ではないか、と。

その意味でも、「伝統の森・再生計画」は、新しい職場の創出につながるはず。さしあたっての養蚕プロジェクト――桑畑の造成に始まり、桑の苗木の準備、栽桑、蚕の世話、繭の収穫、そして糸引きの作業など――だけでもさまざまな仕事が生まれる。さらには自然染料となる植物や綿花の栽培などにも人手が必要になる。開墾作業や大工仕事も増えるだろう。そうなれば、織り手のダンナたちの仕事も増えるはず。ゆくゆくは、鍛冶屋や、水を溜める素焼きの壺づくりなどにも取り組みたい。

ＩＫＴＴの皆が手を合わせ、カンボジア伝統の絣布をつくること。世界一といわれるレベルの絹織物をつくりきること、そのために必要な作業をひとつひとつ、ていねいに皆で取り組んでいければいいと思う。

そうは言っても、わずか数年のうちにどんどん人が増えてしまい（それを決めたのはこのわたしなのだが）、毎日のようにお金のやりくりに頭を悩ませるのが日課のようになっていた。それはそれで苦労の絶えないことではあるが、人手が増えたことで、これまで手がけることのできなかったことが可能にもなった。たとえば、生糸の括りのための芭蕉の紐をつくることや、精練用の灰をつくることなどである。芭蕉の幹の繊維で括り紐をつくる芭蕉組のことは、すでに紹介した。

バナナの幹を乾燥させ、燃やして灰にする。この灰を水に溶かした上澄み液（灰汁）を生糸の精練に使う。繭を煮て、手引きしただけの生糸は、麻のようにごわごわとしている。これは生糸の繊維の表面に、セリシンというたんぱく質成分があるからだ。このセリシンを適度に取り除くことで、シルク本来のしなやかさが生まれる。そのために灰汁を使う。灰汁はアルカリ。石鹼のなかった時代には、その灰が洗濯などに使われていた。タケオなどの織物の村では、ハイドロサルファイトなどの化学薬品を精練に使うようになっている。しかし、もともとは自然の灰が使われていた。

わたしたちがシェムリアップで工房を始めたころは、近くの村に頼んで灰を届けてもらっていた。ところが、品質にばらつきがある。「バナナの幹を燃やした灰を」と依頼していたのだが、おそらくいろいろな物と一緒に燃やしてしまっていたのだと推測する。

研修生が増えるなか、あるときから自分たちで灰を作りはじめた。そのおかげで、灰の品質が安定し、精練も安定するようになった。その結果、色の染まり具合も数段よくなった。

この灰汁を作るためのバナナの幹は、大量に使うので市場で買ってくる。バナナは、たくさんの房をつけたまま市場に運び込まれ、房ごとに売られてゆく。その残った幹の部分は、そのままならゴミとして捨てられてしまう。それを、まとめて買い取ってくる。それは、リサイクル。灰汁は、媒染剤としても使用する。そして、上澄みを使った後の灰は、畑にまいて土に還すことができる。

必然と偶然

あるときアメリカの研究者から、「IKTTのマネジメントは、どんなビジネスモデルを参照しているのか」という質問を受けた。わたしがシアトルで二〇〇二年に講演をした翌年のことではなかったかと思う。そのとき、わたしは「どこでもない」と答えた。

何もないところでIKTTを立ち上げ、それなりに運営していくにあたり、どんなモデルを持ち込んで実現させたのか——。

外部から見れば、そう考えたくなるのかもしれないが、実際のところはそうではない。少なくとも、カンボジアにはすばらしい伝統の織物が織られていたという事実がある。そして、その伝統は途絶えかけてはいたが、なくなってしまったわけではない。いくつかの村には、染め織りの経験のある、それも熟練の腕を持つおばあたちが暮らしていた。わたしの、IKTTとしてのはじめの仕事は、いわば「手の記憶」を持つ彼女たちを探し出し、その仕事を甦らせながらひとつひとつ結びつけることで、もう一度、カンボジアの絹絣を制作工程から再生し復興させることだった。

IKTTの設立に先立ち、一九九五年にカンポット州タコー村で取り組み始めた養蚕再開プロジェクトにしても、わたしがプロジェクトを開始した時点では、たしかに村での養蚕は行なわれていなかった。だが、タコー村には養蚕のための道具はすべて残っていたし、村びとたちもその使い方を覚えていた。戦乱のなかで養蚕が廃れ、その後、村がプノンペンなどの商圏から遠く離れていたために仲買人も訪れず、養蚕をやっても生糸が売れるとは思えない状態のなかで、養蚕の担い手がいなくなり、村から蚕が消えてしまっていたのだ。

養蚕や染め織りに関して、わたしがカンボジアでしてきたことは、貧しさのなかで暮らしの一部としてそれを続けていた村びとが何らかの理由で続けられなくなり、できることなら続けたいと願っている彼ら彼女らに、その仕事を再び続けられるよう手助けをすることだった。そうした作業に参照できるようなモデルがあったとも思えない。すべては人との偶然の出会いに始まり、その後のなりゆきという意味では必然だった。

はじめて訪ねていった織物の村で、織り手が使っていた自然染料を見つけたことが、ユネスコのコンサルタントとしての現況調査につながった。そのフィールドワークのなかで、かつて養蚕をやっていたという村にたどりついた。そしてそのタコー村の村びとたちに、わたしは養蚕の再開を持ちかけた。

なぜ、そうしたのかといえば、ユネスコの調査の過程において、カンボジアのすばらしい伝統的な絹織物の制作環境がきわめて厳しい状況に置かれていることを知ってしまった。そのうえ、生糸は輸入に頼り、当時それは値上がりを続けていた。絹織物の買い上げ価格が仲買人に抑えられた状況下で、原料となる生糸の価格が値上がりしていけば織物を仕事にする者はいなくなる。それは、京都で友禅工房を営み、織物業界の片隅に身を置いた者であれば、まさに身につまされる状況であった。まず、生糸が手に入らない。であるなら、カンボジアでの生産、すなわちカンボジアで養蚕を再生することはできないのか。わたしは養蚕の専門家ではなかったが、幸いなことに、それまで長くつきあってきた東北タイの村では養蚕をやっていたので、だいたいの様子はつかめている。そして、なによりタコー村の村びとたちは養蚕の経験があるうえ、村にはその道具類もすべて残されていた。——これだけの条件が揃っている以上、わたしが彼らに養蚕の再開を持ちかけてしまったのは、なりゆきというか、必然としか言いようがないように思う。

生活の学校

一九九五年に、ユネスコのコンサルタントとして実施した『カンボジアに於ける絹織物の製造と市場の現況』調査の際、その報告書には、あえて書かなかったことがある。それは、織物を続けていた村びとたちの貧しさについてである。

わたしは、村の織り手たちへのインタビューの際に、織っている布の種類や量、生糸の入手先や織り上がった布の販売先とその価格などの生産と販売の現況把握のみならず、織り手の家族構成や織物以外の農産物や収入源、そして土地所有の有無など、その一家のふところ具合を推し測るような事柄もヒアリングしていた。産地を訪ねての織物調査と割り切れば、それは必要なかったともいえる。だが、そうしたことを聞き取りした結果、見えてきた生活がある。たとえば、一家族が食べる米を作るのに十分な農地を持たない人びとのなかで、その生きる術として織物が糧となっていた。養蚕を続けていたのは、電気はおろか、乾季にはきれいな飲み水すら十分ではないような村の村びとたちだった。そんなところで、自分たちにできて、わずかでも換金性のあるもの、それが生糸であり、織物だった。

工房２階のショップに、ハンカチや絹絣が並ぶ

だが、その日に食べるものにも窮するような状態では、養蚕も織物も続けられない。その日暮らしの生活に落ちる寸前の、ぎりぎりの生活をしている人びとによって〝支え〟られていたのが、現金収入の糧としての養蚕や手織物だったのだ。

このことは報告書には書いていない。織物の現状調査だから、あえて社会的な背景については踏み込まなかった。しかし、実際にＩＫＴＴを設立し、復元・復興の仕事に携わるなかで、結果としては、そこに戻ってきた。

糸なくして布はできない。そして、織り手なくしても、布はできない。——伝統織物の復元・復興を進めることと、その担い手たちの暮らしを支えることは、いわばコインの表と裏。わたしがシェムリアップで工房を開設し、有給で研修生を受け入れはじめた動機のひとつには、こうした現実があった。

ＩＫＴＴの活動は、狭い意味での「伝統の織物の復興」、そしてその技術の継承ととらえられがちである。たしかに発足当初はそうだった。しかし、活動を進めながら、その活動を担う人、とくに貧困層の女性たちの自立支援へと発展した。さらには、その伝統の織物を支える自然環境の再生なくして伝統の織物の再生はありえない、というところにたどり着いてしまった。豊かな伝統織物を支えていたのは、豊かな自然環境なのである。

研修生の数が三〇〇人を超え、いくつかの作業グループが機能し始め、シェムリアップの工房の基本的な活動形態が確立しつつあったころから、わたしはＩＫＴＴのことを「生活の学校」だと言うようになった。伝統織物の再生のためだけのＮＧＯではない、それを生み出す「暮らし」を再生するためのＮＧＯなのだ、と。

もともと染め織りという作業は、生活と、そして自然と一体だった。染め方や育て方という経験は、「日々の生活」のなかで受け継がれていた。それを、あとから外部の人間が技術として切り取り、伝統であるとか、文化であると呼ぶだけのこと。だが、それは生活と切り離せない。今のカンボジアで必要とされているのは、この「日々の生活」の再生である。ＩＫＴＴは、それを実現するための、皆が食える、生きてゆくことができる、自然環境も含めた「再生」に取り組むＮＧＯなのである。

6 「伝統の森」始動

「伝統の森」で始まった養蚕の意味について、訪問者に説明する

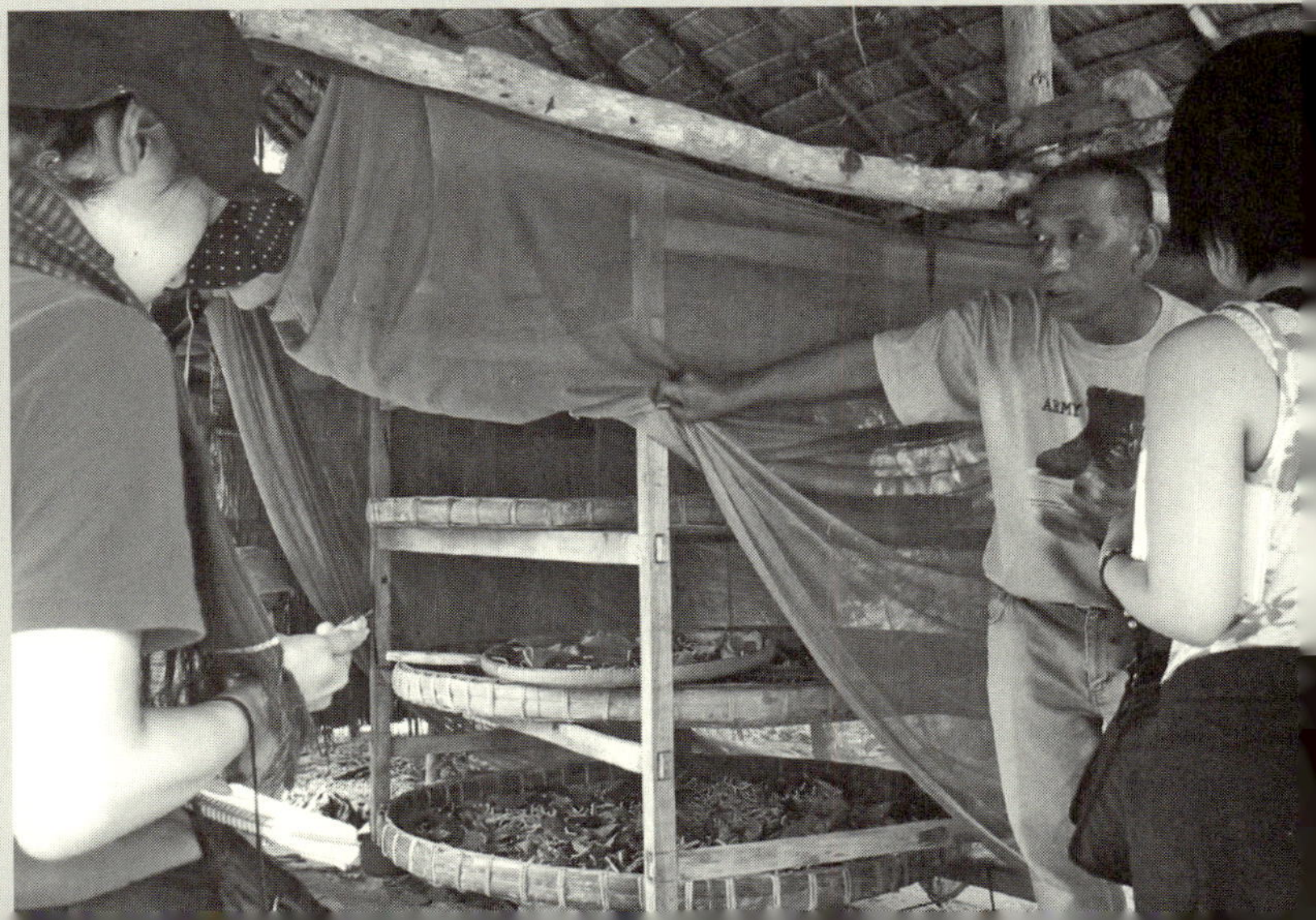

おばあたちの集合写真

わたしにとって、記念すべき一枚の写真がある。

シェムリアップにあるIKTTの工房の二階で二〇〇三年一月に撮影した、おばあたちの集合写真である。当時、絹絣の復元作業の中核を担っていたオムソット、オムチアの二人のほか、カンポット州タコー村からやってきた四人のおばあたちの顔がみえる。

＊　＊　＊

その数か月前、わたしは「伝統の森」再生計画を具体化するために、旧知のカンポット州タコー村を訪ねた。それは、養蚕再開プロジェクトにかかわってくれた村びとたちに、「伝統の森」での森の再生を手伝ってもらえないか、と相談を持ちかけるためだった。

しかし、カンポット州からシェムリアップまでは約四三〇キロ。首都プノンペンにすら出かけたことのない村びともいるなかで、シェムリアップまでちょっと行ってみるか、と言って出てこられるものではない。そこで、タコー村の養蚕グループのリーダーだったポゥンさんをはじめメンバーの主だった人たち二十二名を、「お伊勢詣で」ではないが、アンコールワット詣でを兼ねてという名目でシェムリアップに招き、「伝統の森」予定地の様子を確認してもらうことにした。その御一行様として、トラックで約十三時間かけてカンポットからやってきたおばあたちである。

この写真は、わたしにとってさまざまな意味で、貴重なメルクマークを意味している。まず、これを撮影した日は、実質的に「伝統の森」再生計画が始動した記念すべき日となった。そして、写真に写っているおばあたちがここに集まったということは、一九九五年にわたしが担当したカンボジア・ユネス

シェムリアップに集まったおばあたち

コの調査と、その結果として動き出したタコー村での伝統的養蚕の再開プロジェクト、そしてタケオの「手の記憶」を持つおばあたちをつなぐ、ＩＫＴＴと織り手たちが暮らす村との結びつきの象徴ともいえる。つまり、この写真はカンボジア伝統の絹絣にとって、そしてこれまでわたしがカンボジアで取り組んできたさまざまな活動にとってのひとつの到達点の象徴であり、同時に「伝統の森」再生計画という次のステージに向かう起点の記録、ともいえる貴重な一枚なのである。

開墾開始

アンコール詣でを終えたポゥンさんやおばあたちは、満足して村に帰っていった。二月に入ると、タコー村から若者たちがやってきてくれた。女性が四名、男衆が十五名の合わせて十九名、さらに数名が加わり、総勢二十三名となった。

さっそく開墾に取りかかる。とはいえ、まずは彼らが暮らす環境を整えることから。小屋を建て、近くには井戸を掘った。生活用の野菜畑の開墾も始めた。現場は、薪を取るために頻繁に刈り込まれ、木の切り株と潅木の茂みだけが広がる荒れ地である。近くに川があるが、それ以外は何もない。ここを、人の手だけで拓いていくのだ。まさに、開拓団。わたしは、彼らのために一台のディーゼル式の揚水ポンプを購入した。そして、ホンダの中古のスーパーカブを一台。男衆からの希望で、バレーボールを一個。これは、仕事のあとのひとときの娯楽のため。女性陣からは、炊事用の小屋を作ってくれという希望が出た。

シェムリアップの工房の空きスペースで一年ちかく育ててきた苗木約二〇〇〇本も運び込んだ。そのうち一三〇〇本は、桑の苗木である。まずは、三〇メートル×五〇メートルを開墾し、そこに桑の苗木を植えていく。

藪を払い木の根を掘り起こし、畑にする。しかし、すべてを開墾するのではなく、合わせて森の再生も促す。自生する樹木の分布を調べ、有用樹木は残し、育てていく。土地の約半分については、植生を生かした自然林（二次林）として再生していく。シェムリアップからも、研修生たちが交代で、草刈りや整地、そして苗木の植えつけなどの手伝いに出かけて行くようにした。トラックの荷台に乗り込んだ彼女たちは、ピクニック気分なのか、なにやら楽しそうである。

やるべきことは、たくさんある。でも、皆元気に現場仕事をこなしていく。

森に暮らす彼らの小屋も、少しずつ手が加えられていくのがわかる。日除けのひさしができ、その下にはレンガ片や小石が敷き詰められた。そのテラスには、やがて手製のベンチが置かれた。当時のタコー村は電気もなく、乾季には生活に必要な水にも困る状態だった。それゆえ、開墾組の彼らは何もない

「伝統の森」の開拓は、このメンバーで始まった

森での暮らしに不満を漏らすでもなく、着々と作業を進めていってくれた。

彼らと接していて、不思議に思ったことがある。若い彼らが、わたしに対してとてもなつっこい態度で接してくるのだ。彼らの親の世代とは、九五年の養蚕再開プロジェクト以来のつきあいである。それゆえ、今回の「森の再生」事業を相談することもできた。が、若い彼らとはほとんど初対面のはず。しかし、父親や村の長老から「おまえ、行ってこい」と言われてやってきただけではない印象なのである。

その理由は、あるとき判明した。——彼らにとって、わたしは初対面ではなかったのだ。養蚕再開プロジェクトが始まり頻繁にタコー村を訪れていたころ、わたしは村に向かうときに、よくアメの徳用袋を買って行った。それを、集まってきた子どもたちにひとつずつ手渡していた。それから、はや八年。そう、開墾組として「伝統の森」にやって来たのは、そのときアメ玉を受けとっていた年嵩の子どもたちだった。わたしは彼らに「アメ玉のおじちゃん」としてしっかり認知されていたのである。

彼らの事情

四月中旬、カンボジアは仏暦の新年を迎える。タイで、いわゆる水掛け祭りとして知られるソンクラーンも、本来は新年を迎えるための儀式に起源があり、ラオス、ビルマなど、周辺の仏教国で行なわれている行事とルーツは同じ。「伝統の森」で二か月を過ごした入植組の面々は、正月のまとまった休みを得て、カンポット州の村へと帰っていった。

そして帰省明け、森の現場はにぎやかだった。子どもの泣き声がする。そしてその子を叱る母親の声がした。気がつけば家族が増えている。所帯を持っている何人かが、村から妻や子どもたちを連れて戻ってきてくれた。森で二か月あまりを暮らしてみて、ここで生活していけるという安心感と手応えをつかんだようだ。彼らが、出稼ぎとしてではなく、ここ「伝統の森」で暮らすことを選択したとわかり、わたしはうれしかった。

＊＊＊

彼らのほうにも事情があった。カンボジアの家督は、女系の末子相続なのである。男が婿入りをし、いちばん末の娘が親の面倒を見つつ家を継ぐというのが一般的なパターンである。男たちは、遅かれ早かれ、家を出ることになる。

そのうえ、わたしと長いつきあいになる、タコー村で養蚕再開にかかわってきた村びとたちは、どちらかというと限られた農地できびしい生活を送っている人たちだった。彼らの多くは、一家が食べていくのに十分なだけの米を作る土地を持っていない。つまり、米を自給できないがゆえに、副収入の手段として養蚕を続けていた。――一九九五年、数年ぶりに村で引かれた生糸を前にして、ひとりの老婆がうれしそうに言った言葉を覚えている。

「今まで米を売ることでしか得られなかった現金が、生糸をつくることで得られるようになる。これでもう、残りわずかな米を売らなくてもよくなったんだね」

そして今回、「伝統の森」にやってきた面々は、そうした家族の次男坊や三男坊が多かった。彼らは、村にいても耕作できる土地が少ないため、新たな土地を探す必要がある。新天地を求めて村を出るにしても、行くあてがなければどうしようもない。その意味では、わたしからの入植の誘いは彼らにとっても、またとないチャンスだったようだ。彼らにとって「伝統の森」は、故郷からは遠く離れているものの、同じ村の仲間たちと新しい暮らしを始める、彼らなりの夢を実現する場でもあった。そんな彼らのモチベーションが、「伝統の森」をかたち作る原動力となっていた。

桑の木はすでに一メートルほどに育っていた。酷暑の季節をやり過ごし、森の現場はすべてが順調だった。雨季が近づいていた。わたしは、さらに桑の苗木五〇〇本の準備を指示した。

ブッシュ&SARS、そして

そのころ、森の活気とは裏腹に、シェムリアップの町は沈みきっていた。観光の町から、観光客が消えていた。この時期はオフシーズンではあるのだが、今年は例年の比ではない。

三月に勃発したブッシュのイラク侵攻は、報復テロ誘発の可能性をはらみ、海外渡航者の動きを鈍くしていた。そこにSARS（新型肺炎）の流行が追い討ちをかけた。カンボジア国内での感染例は報告されていなかったものの、ベトナム、香港、タイ、シンガポールと、周辺地域での発症が報道されていた。カンボジアへの入国には、これらの国の空港を経由するケースがほとんどということもあり、観光で成り立つシェムリアップにとっては、大きな打撃となった。町角には、客のいないバイクタクシーやトゥクトゥクがたむろしていた。ホテルやレストランのなかには、人員削減あるいは閉鎖に追い込まれるところも出ていた。わたしたちIKTTのショップの売り上げも激減。訪問客のない日が続いた。

すでに説明したとおり、IKTTの活動は布の売り上げに拠っている。簡単に言うと、売り上げがないということは、研修生たちにその日支払う原資がないということ。もちろん売り上げのすべてをその日のうちに使ってしまうわけではないが、日々必要とされる分を、少しずつ支払う形態をとっている。いわば、皆で売り上げの「山分け」である。それゆえ売り上げがない日が続くのを見て、働き始めて間もない研修生のなかには、お金がもらえないのではと不安になって、浮き足立つ者も出てきた。その一方で、黙々と仕事に打ち込んでくれたのは、工房の古株ともいえる熟練組の面々であった。

そのころ、秋に福岡市美術館で開催される「カンボジアの染織」展に関連するドキュメンタリー番組のために取材に訪れていた寺嶋修二氏とのインタビューで、わたしはこんなやり取りをしている。

——（売り上げがなくても）基本的にレイオフはやらない？

「やりたくないやね」

——自宅待機もなしで、生産もこのまま続ける？

「まあ大丈夫だと思う」「米さえあれば、米を買う金さえあれば、飢え死にすることはない」

幸いなことに、このときは遅配はあったものの、研修生たちを辞めさせることなく乗り切ることができた。

先のドキュメンタリー映像のなかでは、突然の豪雨に遭い、遺跡巡りを見合わせた日本人ツアーの方々が、雨宿りを兼ねてIKTTのショップに寄っていただくところが紹介されている。熱帯のスコールは小一時間もすれば上がってしまう。その間にあれこれ買い物していただいたことで、わたしたちもひと息つけた。……二階のベランダから見下ろすと、皆がうれしそうに手を振って、ツアーバスを送り出していた。バスが出て行ってしまうと、「これでおかずが買える！」と手を叩いて喜ぶ女性もいた。このときの売り上げは約一五〇〇ドル。ありがたかった。当時の研修生は二八〇名くらいだったか。その日のうちに、ひとり五ドルずつを支給した。今回は、滞っていた通常の支払い分を、全員に一律五ドル払ったかたちだ。

これまでも、売り上げのない日が続くと「ないものはない」と、わたしはなかば開き直り、家族が病気などの理由で、その日のうちにどうしてもお金が必要な者にだけ支払いをすることもあった。ときには次に売り上げがあるまで、わたし個人が彼女への支払いをIKTTに対して立て替えることも。

「できるだけのことはする。できないことはできない」

これが、わたしの、研修生たちへのスタンスなのである。

養蚕始動

六月になると、森の住人たちが「いつからお蚕さんを飼い始めるのだ」とたずねてくるようになった。「伝統の森」に移植された桑の木は、すでに人の背丈ほどになっている。わずかな桑の木で蚕を育ててきた経験のあるタコー村の出身者にしてみれば、大きく育った桑の木を見て、うずうずしているに違いない。予定より少し早かったが、彼らの思いに背中を押され、わたしは養蚕の準備に取りかかった。

まずは、蚕室が必要になる。蚕室の建屋のサイズを想定して、建てる予定地の整地作業に入る。わたしは四メートル×五メートル程度を考えていたのだが、モク・ベエットは五メートル×一〇メートルを主張してきた。彼は、タコー村での養蚕再開プロジェクト当時からのメンバーで、プロジェクト立ち上げ時の四つの作業グループのリーダーのひとりでもあった。養蚕のみならず、母親のもとで糸引きから機織りまで、ひととおりの作業を器用にこなしてもいた。そうした経験からか、養蚕のエキスパートとしての自負がある。その彼も、この四月に妻と子どもを「伝統の森」に連れてきていた。

七月の末、タコー村に帰省していた女性が、村から蚕の卵を持ち帰ってきた。もうそろそろ始めてもいいだろう、という彼らの意思表示である。

だが、蚕室はまだ完成していなかった。整地を終えたものの、建材を購入する資金のあてがない。シェムリアップでは、研修生への給料の支払いが滞ったままだった。納屋のひとつを片づけて、蚕室のかわりにする。わたしは大ザルに掛ける虫除けのネットを購入した。大ザルを吊り下げた納屋の梁には、魔よけのタロイモの葉が括りつけられた。こうして「伝統の森」での養蚕は始まった。

卵から孵《かえ》った蚕は、皆の期待を察知したかのように、もくもくと桑の葉を食べ始めた。そもそも蚕の

桑畑に立つモク・ベエット

食欲はすさまじい。片端から桑の葉を平らげていく。孵《かえ》ったばかりの幼虫は、ほんの二ミリ程度。それが五回の脱皮で体長四センチほどにまで育つ。餌となる桑の葉は、葉の部分だけを手摘みにし、それをナイフで細かく刻んで蚕の上に散らすようにふりかける。その作業を、日に三回（ときに四回）繰り返す。

八月に入り、シェムリアップの町に活気が戻ってきた。日本人観光客の姿も見かけるようになり、IKTTにも例年どおり何組もの訪問客がやってきた。八月の後半には、いくつかのNGOグループのスタディツアーもブッキングされた。澱んでいた空気も、一掃された感がある。

八月下旬、蚕の体に変化が現われた。やや透き通るような感じになり、光の加減によっては薄いピンク色に見える。まもなく、糸を吐く兆候である。モク・ベエットは、葉のたくさんついた木の枝を何本か切り出し、束ねて蚕室の梁からぶら下げた。まぶしである。日本のように、藁や紙を使って仕切りを作り、

生繭を煮て解きほぐし、生糸を手引きする

整然と並ぶように蚕に繭を作らせるのではなく、蚕が自然にいた環境に近い仕掛けを作るところが、カンボジアの伝統として残されている。蚕が繭を作り始めると、モク・ベエットは素焼きの壺を用意してきた。この壺で繭を煮て生糸を手引きする。準備はすべて整っていた。手馴れた感じで糸が引かれていく。生糸の手引きは、右手で先が二股になった細長いヘラのような竹製の道具を使って、壺の中の繭をゆり動かしながら煮て、解きほぐし、その糸くちを集め、小さな竹製のドラムを経て、左手で操作する糸取枠に巻き取っていく。日本では生繭による「座繰り」という。

八月末、「伝統の森」ではじめての生糸ができた。今回は全部で五〇〇グラムほど。まずは無事に生糸が引けた。それで十分だった。残した繭から蚕はおのずと増えていく。さっそく新しい桑畑の開墾の話も出てきた。皆、生糸の生産を増やしていきたいと真剣に考え始めている。

「伝統の森」での最初の事業、養蚕が始動した。

この蚕供養が、やがて「蚕まつり」へと発展した

蚕供養

カンボジアの伝統的な黄色い生糸。わたしたちは、その生糸を用い、カンボジア伝統の技術と経験を生かして、伝統的な絹織物の復興を進めてきた。

その生糸を使って織り上げた布を販売することで、IKTTの活動は継続している。つまり、IKTTの運営は、この黄色い生糸なしには成り立たない。三〇〇名（当時）に近い研修生もまた、この生糸とそこから織り上げられた布の売り上げで生活している。その家族までを含めれば、一〇〇〇人を超える人びとが、この黄色い糸を吐く蚕のおかげで、生きていける。

生糸を取るために、繭の状態の蚕を釜茹でにする。その殺生に対し、供養をする。繭をつくるお蚕さんに、そしてはるか昔からこのアンコールの地で蚕を育んできてくれたアンコールの神々に、感謝しようと思い立った。それが「蚕供養」である。

満月の日、「伝統の森」の近くの、奇遇なことにその名もワットパー（森の寺）という寺から僧侶を招き、供養の儀式を執り行なうことにした。僧侶に読経してもらうことは仏教でいうところの徳を積む行為。供養の日には、近在の年長の村びとへも声を掛けた。これが縁となり、周辺の村びととの関係が形成されていけば、それもよしである。これから、毎年九月の満月の日をＩＫＴＴの、そして「伝統の森」の、蚕供養の日にしようと思う。それは、蚕、生糸への、その糸から織られた布への、思いやりに通じることでもある。

伝統とは経験と技術、それにもまして大切なことは素材を思いやる心である。心の失われた伝統は、抜け殻のようなもの。わたしたちは、このカンボジアで受け継がれてきた、自然と向き合い、自然を思う心（＝精神世界）を大切にしたいと考えている。それを、この「蚕供養」の日に託していければしあわせである。

福岡へ

一〇月一日、ＩＫＴＴの二人のスタッフが日本に向かった。彼女たちは、福岡市美術館で開催される「カンボジアの染織」展の会場で、括りと織りの実演を担当する。

ひとりは織物の産地として知られるタケオ出身で、ＩＫＴＴの工房でテクニカルチーフを務めるソガエット。もうひとりは、地元シェムリアップ出身で、他の研修生と同じように生糸をきれいにする作業から始め、織りに進み、ショップのマネージャーを務めるようになったバンナランである。

ソガエットは、ＩＫＴＴに来てから自然染料を始めた。タケオの村では化学染料での染色が普通であり、生糸もベトナムからの輸入生糸を使ってきた。その意味では、彼女もＩＫＴＴにおいては上級の研修生といえる。彼女の母親は数年前に亡くなったが、ＩＫＴＴの初期のころの絣布の復元の仕事に関わってくれた優れた織り手のひとりであった。そんな母の技を受け継いでいる。

バンナランは、シェムリアップの研修生の古株のひとり。仕事を終えてから、英語学校に通っている。それがきっかけでショップの担当になり、今では販売のみならず、ＩＫＴＴの布ができあがるまでの全工程の生産管理を把握し、ソガエットの仕事を補佐する役目を担うようになった。

そんな二人が向かう福岡では、日本で、いやおそらく世界でもはじめてといっていい、大規模なカンボジアの伝統織物の特別企画展が開催される。福岡市美術館の所蔵品に加え、平山郁夫・美知子夫妻が収集されたシルクロード研究所所蔵の絣布の数々、そして米国のジョン・ラディ・コレクションの三つを核にして構成された計一〇〇点近いカンボジアの伝統織物。絣のみならず、絞りと紋織をも加えたすばらしい展示内容である。会期中、わたしも講演をさせていただき、併せて草木染ワークショップを実施した。地元福岡のＲＫＢ毎日放送では、この企画展に合わせたドキュメンタリー番組「ムーヴ２００３　カンボジア絹絣に魅せられて」も放送された。

この企画展を担当された福岡市美術館学芸員の岩永悦子さんは、事前調査のフィールドワークを含め、何度もカンボジアを訪れている。プノンペン国立博物館をはじめ、アンティークの布を扱う店へのヒアリング、カンボジア国内の織物の村のみならず、ベトナム南部のチャムの村や、タイ国内のコレクターのところへも足を運び、さまざまなカンボジアの絣布を見て回られた。その多くに同行させていただいたことで、わたしも自分なりに描いていたカンボジアの絹織物の来歴、その出自について、より具体的にイメージできる機会を得たことは大きな収穫だった。

スタッフ引き抜き

恒例となった日本での秋の報告会を終え、シェムリアップに戻った十一月末、空港でわたしを迎えたドライバーのソッピヤーが「まもなく何人かの研修生が辞めるだろう」と言った。だが彼は、それ以上くわしいことを話したくないようだった。

空港近くに、アミューズメントパーク風の文化村なるものがオープンした。そこで織物制作の実演を行なうスタッフを募集しているという話を聞いていた。ＩＫＴＴの研修生の何人かは直接声を掛けられ、高給を提示されているらしい。心は動くだろうし、それを止めるすべをわたしは持っていない。ＳＡＲＳの影響で観光客が途絶えたときに次ぐ、ＩＫＴＴ存亡の危機かという危惧を感じていた。

翌朝いちばんに、数人の研修生がやってきた。そして、新しいところで働くので辞めたいと言う。それも、今月いっぱい、つまり今日までで、という突然の話である。

「ここで給料を同じだけ出してくれるなら行きたくない」と言う。でも、すでに行きたいと思ったところに、彼女の理由があるのだから、わたしはそれに応じるつもりはない。

「カンボジアの伝統の復興のために仕事をしているので自分も一緒にやりたいのだが、お金が足りないので」とつけくわえた者もいた。ＩＫＴＴの仕事をそのように評価してくれていることはうれしくもあったが。

わたしの基本的なスタンスは「来る者は拒まず、去る者は追わず」である。これはカンボジア人の研修生も、ＩＫＴＴの活動をサポートしてくれている日本人スタッフに対しても同じ。ましてや、仕事を途中で投げ出して行く者を引き留める理由はない。

結果として、その後一か月ほどの間に、タケオからきていた若い織り手たち二十人ほどが辞めていった。一方、織物制作の中核となる織り手・括り手たちは動じることはなかった。ありがたいことである。そのうちのひとりからは「ここで仕事をすることが好き」という声を聞いた。売り上げを上げるために数をこなす仕事をするのではなく、目の前の一枚を作りきる仕事をするのが大事なんだと繰り返し話していたことが、ある程度は理解されていたということだろうか。

後日談だが、引き抜かれていった織り手たちは、その後、一年も続かなかったようだ。

そんな事件があったからだろうか、いつしかわたしは、ＩＫＴＴは「止まり木」なんだと考えるようになっていた。そもそもＩＫＴＴの研修生たちすべてが、ここで染め織りを極めようと思ってやってきたわけではない。あそこへ行けば仕事がある、給料がもらえるかもしれないと聞いてやってきて、生糸の糸引きや染め材の準備の仕事につき、少しずつ染め織りの技術を身につけていった研修生たちである。ゆえにわたしも、彼女たち全員がカンボジアの織り姫になるとは思っていない。その一割か二割でも、十年二十年後に織りのプロとして、家族を養えるような実力を身につけていってくれればいいと思っている。男衆からは、大工として独立する者が出てもいい。

今日食べられるかどうかの生活をしていた女性が、ＩＫＴＴで働くことで生活が安定し、こぎれいになって彼氏を見つけ、結婚して辞めていくケースもある。お姉ちゃんが最初に働き始め、続いて妹が、そして最後にはお母さんも一緒に働き出したケースもある。それで一家の生活が安定していってくれればいい。ＩＫＴＴで働くかたわら英語学校に通い、ホテルのフロントで働くようになった女性もいる。彼女たちにとって、ここは彼女たちの生活を助け、新たな目的地に向け飛び立つために羽を休める枝、すなわち止まり木。それぞれが社会に出るための力を蓄えるところ、人生の次のステップに進むための止まり木、それがＩＫＴＴの役割だろうと考えるようになった。

セミナーの開催

二〇〇三年十二月、シェムリアップにあるワットドムナックにおいて、ＩＫＴＴと、在シェムリアップの学術系ＮＧＯであるＣＫＳ（Center for Khmer Studies）との共催による、セミナーが開催された。「ホール（絣）、カンボジア染織の世界――クメールとチャム、二つの異なる美意識の融合」と題したこの学術セミナーは、オーストラリアのカンボジア伝統織物の研究者であるジル・グリーン女史をはじめ、カンボジア文化芸術省、カンボジア国立博物館、プノンペン芸術大学などから、歴史、考古、意匠、建築、彫刻、伝統舞踊など各分野の専門家を迎え、盛況のうちに二日間のプログラムを終えることができた。これは、十月一日から同じくＣＫＳホールで開催されていたＩＫＴＴのコレクション三十点の企画展示の最後を締めくくるイベントでもあった。

セミナー実施に至ったきっかけは、まったくの偶然だった。前年の夏のことだったか、シェムリアップの行きつけの日本食レストランで、ＣＫＳのフィリップ・ペイキャム氏と顔をあわせた。ＣＫＳは、カンボジアの文化研究や社会調査に関するシンポジウムの企画や研究助成を行ない、そのためのファンド・レイジングも手がけるＮＧＯである。そのディレクターである彼と、カンボジアの布の話にひとしきり花が咲いた。

わたしが、カンボジアの伝統的な絹絣の意匠には、クメール系とチャム系の、対極ともいえる異なる美意識がそこにあり、それらの融合のうえに現在のカンボジアの絹織物がある。つまり、カンボジアの織物制作におけるチャムの存在は無視できないものなのだと言うと、そのことに彼は興味を持ったようだ。クメール系住民が約九割を占めるカンボジアにおいて、チャムの存在は常にマイノリティとして位置づけられてきた。しかし、バイヨン寺院の第一回廊東面に描かれたクメール軍とチャンパ軍の戦闘にも見られるように、クメールとチャムは長い間、拮抗した勢力として存在したに違いない。そして同時に、対立しつつも両者は絶対的に相容れない存在ではなく、ときに交わり、協力する関係でもあったはず。そのなかで双方の技術や美的感覚が交わり、アンコール文明は深みを増していったのだと思う。少なくとも、絹絣の意匠に関しては、これまでにわたしが目にしてきた数多くの絣布の特徴とその生産地との関係、そして織り手（括り手）が得意とし美しいと感じている絣柄とその織り手の出身地などから、クメール系の特徴ともいえる意匠とチャム系の特徴ともいえる意匠があることを経験的に感じていたし、それらの融合の上に、現在のカンボジアの伝統織物があるのだと確信するに至った。この両者の拮抗と融合という視点は、織物だけでなく、建築や彫刻にも見られるはず、そんな話で盛り上がった。

また彼は、ＩＫＴＴの活動の根幹にある、在来種の蚕の繭から引いた生糸と自然染料で、カンボジア本来の伝統的絹織物の復興とそのための調査と収集を行なってきたことを、もっとアピールしたほうがいいとも言う。シルクの布を織って販売しているＩＫＴＴは、地元のツアーガイドからも、土産物屋と思われているフシがあった。また、日本語でのメイルニュースは発行するものの、英語圏に向けての情報発信はほとんどしてこなかった。カンボジアで活動を始めて九年になるが、布を作るのに忙しく、対外的な催しをする余裕もなく、ここまできたというのが正直なところである。これまでの活動の成果をまとめて、展示とセミナーを開催するのも悪くない。

だが、CKSがファンド・レイズも手がける団体といっても、資金調達に苦労しているのはどこのNGOも同じ。イベントは、IKTTとCKSの共催というかたちをとり、企画の詳細を詰めながら、IKTTとして実施予算の確保の手立てを検討することになった。

この件は、当時の日本人スタッフだった小川紀子さんに担当してもらった。インターネット上で、伝統文化の振興や織物の展示企画への活動支援を行なう団体の助成要項を調べたり、旧知のテキスタイルの研究者に相談したりもした。海外のテキスタイル関係の団体へも協力を打診した。その結果、国際交流基金からのセミナー助成が決定し、無事開催にこぎつけることができた。国際交流基金からは、報告書発行への支援もいただくことができた。その報告書は、現在も関係者の間で高い評価を受けている。

「地球を守る人」

セミナーの準備が大詰めを迎えたころ、日本から田容承氏がやってきた。テレビ朝日系列で放送されていた「素敵な宇宙船地球号」の番組ディレクターとして、約三週間の取材である。彼からコンタクトがあったのはその年の旧正月のころ、雑誌『アエラ』(二〇〇三年一月一三日号)に掲載された下嶋岳志氏の取材記事「よみがえる幻の黄金の絹　カンボジアで消えかけた織物」を見てのことだった。「地球を守る人」と題した番組内シリーズでの取材対象として検討したいという。何度かのやり取りを経て、企画にGOサインが出たという連絡が入った。そして十月の単身ロケハンを経ての、本取材である。

取材を兼ねて、養蚕の村プノムスロックへも出かけた。プノムスロックは、わたしがユネスコの調査

上空から鳥瞰した「伝統の森」

のときには、前日、村に到る道で国連機関の車に手榴弾が投げつけられたと知らされ、訪ねることを断念したところ。今回、久しぶりの再訪である。

このときの取材は、「森を救う黄金の糸――カンボジア絹織物の再生に挑む友禅職人」というタイトルで二〇〇四年二月二十九日に放映された。番組のなかで、上空から「伝統の森」を俯瞰するカットがある。小型ヘリコプターからの撮影ゆえ、搭乗者は三名のみ。わたしはTVクルーの音声さんにデジカメを託し、「伝統の森」の写真を撮ってもらった。その写真のなかに、森の入り口からまっすぐ南に向けて鳥瞰した構図の一枚がある。現在の工芸村に隣接する沼も確認できる。そのはるか先には、雲の上にぽっかりと浮かぶ島のように見える部分がある。バイヨン寺院を中心とした、アンコールの森である。

この番組が放映された晩、わたしの携帯電話に日本から電話が入った。写真家の大村次郷氏であった。放送の感想とともに、ＩＫＴＴの活動が世に知られることを応援すると言っていただいた。当時、大村氏は、上智大学アンコール遺跡国際調査団が二〇〇一年にバンティアイクデイ遺跡で発掘した仏像群の撮影に取り組まれ、頻繁にシェムリアップを訪れていた（その成果は、石澤良昭・著／大村次郷・写真『アンコールの仏像』として結実）。その仕事の合間にＩＫＴＴを訪れ、わたしたちの活動を実際に目にして、非常に協力的に動かれていた。『季刊民族学』編集部に働きかけて「クメールの伝統織物」と題した企画（No.112、二〇〇五年春号所収）を実現させ、複数の雑誌への寄稿を通じてＩＫＴＴの活動を紹介してもいただいた。また、ＮＨＫブックス『カンボジア絹絣の世界』執筆への糸口をつけていただいたのも、そして二〇一二年の大同生命国際文化基金特別賞への推薦も大村氏によるものであった。

藍染めの復活に向けて

「伝統の森」再生計画が動き始めたことで、それまで長年の懸案となっていたことが実現しつつあった。生糸生産のための桑畑の整備、そのうえでの養蚕開始。これは、養蚕の経験を持つタコー村の村びとたちの協力による。綿花の栽培も始まった。自然染色に使うベニノキやインディアン・アーモンドの苗木は、順調に育ち始めた。プロフーは成長が遅いので、染めに使うまでには二十年以上待たねばならない。残るはラック染めと藍染めの復活である。

藍の栽培は、すでにカンボジア国内では途絶えていた。つまり、藍染めの復活以前に、藍を育てることから始めなければならない。幸いなことに、海外青年協力隊員としてエルサルバドルで藍染めに携わった経験のある田村佐和子さんがＩＫＴＴにやってきたことが、藍づくりに取り組むきっかけとなった。

まずは、村を回って畑の隅や庭先に残っている藍の木を捜して、その種を集めておいてもらうよう頼むことから始めた。しかし、田村さんの協力隊での仕事は、染料としてのインディゴ輸出国だったエルサルバドルで藍染め製品の実現に取り組むというもので、藍を栽培することではなかった。現地では、藍は当たり前のように育っていたそうだ。

二〇〇三年六月、村から届いた藍の種を「伝統の森」で育て始めた。カンポットから届いた藍は、野生化していた。葉が、十分に茂らずに花をつけてしまう。タケオの藍は、染めてもあまり色素が出てこなかった。藍建ての前提となるのは、しっかり茂った葉を収穫し、葉のなかに含まれるインディゴ色素を抽出することにある。花が咲き始めると、植物の栄養分は花に集まり、葉に届く養分が少なくなってしまう。種が悪いのか、土が悪いのか。

九五年の調査のときに探し当て、話を聞くことのできたメコン河沿いの村に暮らす、かつて藍建てを生業としていたという男性は、雨季にはメコン河の増水で水没する畑で藍を育てると言っていた。その言葉を思い返し、いい藍を育てるには、いい土が必要だということを改めて実感した。こうした経験は、その後の「伝統の森」の活動の根幹をなすテーマともいえる「いい布を作るにはいい土がいる」へと発展していく。

土地取得

ブッシュのイラク侵攻以来、各地で発生する度重なる報復テロや、東南アジア各地でのＳＡＲＳの発生は、アジア各地の観光産業に重篤な影響を与えた。にもかかわらず、訪れる観光客の増加に伴い、シェムリアップは観光バブルの様相を呈しつつあった。町の中心部や観光客の集まるところは、どんどんきれいになっていく。オールド・マーケット周辺のレストランやショップの集中と充実ぶりは、久しぶりにやってきた旧知のプノンペン在住の日本人が驚くほど。

空港からシェムリアップ市内へ向かう道路も、年を追うごとに整備が進み、舗装され、数年後には拡幅された。プノムバケンのふもとでは、山頂からの夕陽を眺めようという観光客を運んだマイクロバスやトゥクトゥクで、渋滞が起きていた。

そんな観光バブルの余波なのか、シェムリアップだけでなく、郊外の「伝統の森」周辺でも土地の値上がりが始まっていた。縁があり隣接する約五ヘクタール（第二エリアと呼ぶ、現在の工芸村のあるエリア）は二〇〇三年の暮れに取得できた。資金を寄付されたのは、亡くなられた元新聞記者の家族の方だった。その土地は、隣接する村の地主が「売らない」と言っていたところ。しかし、タイに出稼ぎに行っていた息子が帰国してレストランをやりたいと言い出し、土地を売る気になってくれた。これも、観光で栄え始めたシェムリアップのおかげかもしれない。

だが、それ以外の周囲の土地は、いつのまにか転売されてしまっていた。新しいオーナーたちは、売るつもりはない、と言う。

技術を学ぶ

シェムリアップの工房で働く男性陣のほとんどは大工組。染め終えた緯糸を巻きつける箸のような竹の棒の削り出しから、生糸を巻き取る糸車、そして織り機まで、必要な道具のほとんどを彼らが自作し

仕事を手伝うなかで技術を学んでゆく

ている。イスやベンチも作るし、工房の作業所も建ててしまう。その中心はオムチャット。彼は八〇年代、戦争で荒廃した王宮を修復するために呼ばれたほどの腕のいい大工。そんな彼が若い衆に、道具の作り方から手ほどきしてくれている。

「伝統の森」でも、開墾組の男衆は、井戸を掘るところから、自分たちの住居をはじめ、たいていのものを作ってしまう。二〇〇三年の時点で「伝統の森」に建てられた、いちばん立派な建物は、じつは蚕小屋。蚕小屋とはいえ、床はタイル張り、レンガ積みの腰高壁に、素焼きの瓦葺きである。これも「伝統の森」の男衆の手によるもの。その「伝統の森」で、ついに工芸村の建設に取り組み始めることにした。

これまで「伝統の森」に作られた開墾組の住居は、カンポットの村より簡素なもの。自分たちで地面に柱を立て、屋根を葺き、床板をはめて、壁を打ちつければできあがり。高床式とはいえ、いわば平屋の家である。一方、工芸村の作業棟は、本格的なクメール式の伝統家屋を考えている。シェムリアップの工房兼事務所として借りている家と同じくらいの規模のもの。屋根は瓦葺きで、高床の床高は約三メートル、階下で織りの作業や生糸をきれいにする作業を行なうので、むき出しの地面ではなく、コンクリートを流しタイル張りにする。基礎工事も必要になる。

「伝統の森」にはじめて家らしい家を建てたのは、大きな木の上の涼み台と、その横にテラスを広く取った家だった。当時わたしがシェムリアップから「伝統の森」に通っていたため、そこは道具類や資材の保管庫を兼ねた、わたしの作業拠点として使い始めた。

そして、ついに二階建ての伝統的家屋を建てることにした。その中心となる大工の親方が、カンポットの村からやってきた。「伝統の森」の若い衆たちがそれを手伝う。大工道具の使い方や、柱と梁の組み方など、ひとつひとつの作業を手伝うことで仕事を覚えてゆく。それを手伝いながら、腕を上げてゆく若い衆たち。これも、手から手へと技術を学ぶ、ＩＫＴＴ式の研修のひとつといえる。

それから現在まで、ほぼ一年に一軒のペースで、工芸村エリアに家を建ててきた。

ロレックス賞

二〇〇四年九月、わたしはパリにいた。第十一回ロレックス賞の授賞記念式典に出席するためである。わたしを含め、グルジア、アルゼンチン、スイス、そしてアメリカからの五人の受賞者は、それぞれの活動を紹介するショートフィルムが上映されたのちに、壇上でスピーチを行ない、賞状と記念の時計を受け取った（このとき上映された映像は、ロレックス賞のウェブサイト上で視聴できる）。わたしは、この日のために、ジャケット、シャツ、パンツ、スカーフすべてをIKTTのシルクで仕立てて臨んだ。

＊＊＊

受賞までには、多くの人たちの協力があった。そもそもの発端は、二〇〇三年三月半ば、セミナー準備の過程で、スタッフの小川さんによるロレックス賞の〝発見〟にある。そして、それを知った日本の何人かの有志が動いてくれた。応募要項の取り寄せ、提出資料の準備、そして英訳など。二〇〇三年の二月に「伝統の森」の本格的な開墾が始まり、それを機にこれまでのアイデアを整理し、親しい人たちにわたしが送った「伝統の森・再生計画」事業計画案と、「新たな地平に向けて」というメールを基に、応募書類と提出資料の準備が始まった。

だが、シェムリアップでは、四月に入るとブッシュのイラク侵攻とアジア各地でのSARS発生により観光客が激減。日本では、休日返上で書類作成を進めていたのだろうが、わたしはその日の売り上げのほうが心配で、ショップを訪れた観光客への応対に気をとられていた。五月に新潟での報告会に招かれ、併せて上智大学アジア文化研究所主催の定例研究会で講演をさせていただいた。その合間を縫って、応募書類についての打ち合わせを行なった。アジア地域からの応募締切は、五月三十一日到着である。

そして六月半ば、ロレックス賞事務局のあるジュネーブから書類受理の封書が届いた。受理ナンバーは「RAE 2004-375（FR）」であった。それをみて、宝くじみたいだな、楽しみだな、と思ったことを覚えている。来年六月までには授賞者が決定するようだ。

だが、宝くじほど簡単ではなかった。七月に入ると、ジュネーブから活動内容の詳細に関する問い合わせメールが飛び込んできた。現在の活動の、今後の具体的な展開はどんなものを考えているのか？

すでにカンボジアで他の団体が行なっている織物プロジェクト（たとえばプノムチソーでユネスコが行なっているプロジェクトや、プークでフランスの団体が行なっているプロジェクト）との違いはどこにあるのか？　などという矢継ぎ早やの質問である。

前後して、わたしの活動にかかわりのある方たちからも、ロレックスからの問い合わせメールが届いたという連絡があった。スミソニアンの学芸員を務めるルイス・コート女史、カンボジア・ユネスコに勤務していた三浦恵子さん、民博の吉本忍氏、ＩＫＴＴスタッフの小川さん、日本にいる西川潤さんなど、こうした方々の前向きな発言が功を奏したのであろうことは間違いない。感謝である。

八月に入ると、現場の視察とともに、わたしにインタビューを行ないたいというメールが入り、第一次の書類審査を通過したことが確認できた。そして九月四日、「伝統の森」ではじめての生糸が引かれ、蚕が新たに卵を産み始めたころ、ロレックス・ジャーナル編集長のエドモンド・ドゥーグ氏がやってきた。この時点で、わたしにできることは限られている。インタビュー前日、わたしはスタッフとともに、工房の大掃除をした。

視察を終えたドゥーグ氏は、「伝統の森」をシルク・ビレッジと呼び、わたしたちのプロジェクトを「伝統文化と環境の再生の融合」という新しい視点から評価してくれた。そして彼は、もし今回受賞できなくても、再度応募してほしい、とも言ってくれた。二度目三度目で、受賞に到った受賞者も多いという。また、約一二〇〇の応募者は、すでに七〇の候補者にまで絞られていることも知らされた。あとは、運がよければ来春に知らされるであろう結果を待つのみである。

そして、そんなことも忘れかけていた四月一日、授賞記念式典が九月二十九日にパリで開催されるとの吉報が届いた。まずは電話で、そしてジュネーブからの封書で。

六月には、ナショナル・ジオグラフィック・チャンネルのビデオチームがやってきた。彼らは、この取材をもとに、ロレックス賞授賞記念式典用のショートフィルムと、三〇分のドキュメンタリーフィルムを制作。このドキュメンタリーは、世界各国のナショナル・ジオグラフィック・チャンネルで放送された（残念ながら日本での放送はなかったようだ）。カンボジアでも何度か放送されていて、プノンペンのホテルで「昨日、テレビで見たよ」などと声をかけられたこともある。

日々サバイバル

二〇〇四年は、映像メディアの取材が続いた年だった。ナショナル・ジオグラフィック・チャンネルのビデオ撮影に続き、ＮＨＫ「遠くにありてにっぽん人」の取材も入った。ディレクターの中村豊氏からは「事前にいくつか資料を拝見してはいましたが、現地を見た印象は、まったく新しい形態の活動体だということです。あえて言えば〝村〟なんですね」というコメントをいただいた。

そう、いつの間にか〝村〟をつくっていた。――伝統の絣布を復興させるには、その織り手たちの暮らしを守り、なおかつ染め織りの素材も育てなければならない。つまり、自然とともに生きる人びとの暮らしの再生、それはかつてこの地にあったはずの村の暮らしの再生であった。

＊＊＊

こうした取材に追われつつ、その一方で、相変わらずというか、日々ついてまわる苦労も絶えなかった。五月後半から七月始めまでは、一年のうちでシェムリアップを訪れる観光客が最も少なくなる。静かな日々が送れるといえば聞こえはいいが、売り上げのない日が続くと給料が払えない。――そんな無責任な、と思われるかもしれないが、大口のドナーを持たない小さなNGOは、日々状況が変わるなか、それに対応しつつ活動を継続しているのが現状だ。わたしたちIKTTの場合、その財源のほとんどを布の売り上げに頼るため、なおさらだ。売り上げがなければ給料の遅配もある。が、わたしが借金してでも現金を調達しなければならない場合もある。日々の現実に即して、そのときどきでの必要の度合いと、それに対応できる力量とのバランスのなかで、現在のIKTTの活動のスタイルは作られていった。その現場を実際に見ていただければ、わたしたちのサバイバルな活動のスタイルもわかっていただけるのではないかと思う。

もちろん、IKTTだけが特別だというつもりはない。どのNGOであっても、活動報告書には表れない(表せられない)苦労や苦悩はつきものだ。だが、ひとつひとつはたいしたことがなくても、実際には時間をとられるし、いくつも重なれば大きな負担となる。

たとえば、研修生が交通事故に遭うこともある。研修生の父親が病気で入院することもある。こうしたアクシデントに、知らん顔はできない。身寄りのない元研修生が病気で亡くなり、その葬儀をIKTTの何人かのおばあたちと執り行なうことになり、事実上の喪主となったこともある。ある若い研修生の様子がどうもおかしいと思っていたら、親の借金のカタに身売りされそうになっていた。知ってしまった以上、その借金をわたしが肩代わりするしかない。でも、そのことで、その子の人生は変わる。

運営資金が不足したからといって、「資金が足りなくなったので、今日でIKTTを閉鎖します」なんてことはできないし、するつもりもない。その代わりといってはなんだが、研修生たちにもある程度の苦労は共有してもらっている。いわば、研修生とともに、日々サバイバルしているようなもの。

そうしたことも含め、IKTTは寄付金や助成金に頼るNGOでなく、できあがった布を売ることで運営的に自立する〝NPC〟、すなわちノン・プロフィット・カンパニーだと考えている。

ロレックス効果

二〇〇四年九月のパリに続き、十一月二十四日には日本ロレックス社主催の授賞記念講演会が有楽町の国際フォーラムで開催された。併せていくつものメディア・インタビューが準備された。日本国内においては、ロレックス賞のさらなる周知に加え、IKTTの活動を多くの方々に知っていただく機会を得た。また、十月十七日にはNHK-BSハイビジョンで「遠くにありてにっぽん人　甦る黄金のかすり」も放送された。

二〇〇五年一月、年末年始の訪問客も一息ついたころ、ドイツから電話が入った。「ゲオ・ルポルタージュ」というドキュメンタリー番組を制作するイタリア人の映像プロデューサーからであった。ドイツ語とフランス語で放映するARTE（アルテ）というCATV局の番組で、わたしのことを取りあげたいという。

撮影現場では、彼女とカメラマンとが何をどう撮るのかで議論するなど、苦労はあったようだ。取材終盤には「あなたのクレイジーなところを撮影したい」などとも言い出したりもした。それは、わたしがお金のために動いているわけではないことを知ったからだった。

そのドキュメンタリーは、IKTTのカンボジアシルク復興作業にからめ、ひとりの研修生の暮らしと家族の状況を紹介し、そこから現在のカンボジア社会が抱える苦悩に焦点を当てた内容になっていた(ドイツ語版のタイトルは"Kambodscha - Die Seele der Seide"カンボジア——絹の魂、フランス語版のタイトルは"Cambodge, le cri de la soie"カンボジア——絹の叫び、である)。そのこともあってか、番組放送後には、ドイツやフランスから何本ものメールが届いた。わたしたちの活動への共感や励ましのメールもあったが、番組で取り上げられた研修生に金銭的支援をしたいという申し出も多かった。だが、彼女と同じような境遇の女性はＩＫＴＴには何人もいるし、彼女にだけ援助が集まればいいわけでもない。そこを理解してもらい、ＩＫＴＴとしてお預かりするのでよければという断りつきで、ドネーションをいただいたケースもあった。

＊＊＊

先の、英語圏に向けて放送されたナショナル・ジオグラフィック・チャンネルと、この欧州圏でのゲオ・ルポルタージュは、各国で繰り返し放送されている(その後、ナショナル・ジオグラフィック・チャンネルの映像は、Pioneering Individuals: Rolex Award Winners 2004: Reconnecting the Threadsというタイトルで YouTube上に公開された)。今なお、ＩＫＴＴを訪れる方たちのなかには、「ナショナル・ジオグラフィック・チャンネルを見て、ぜひ訪ねてみようと思った」とか「ゲオの番組であなたのことを知った」と言って、わたしに握手を求めてくる方たちがいらっしゃる。ロレックス効果、とでも言うべきか。

また、これまでシルクといえば、シルクロード発祥とされる中国、ジム・トンプソンのタイシルクで知られるようになったタイなどが有名で、カンボジアのシルクは一般にはあまり知られていなかった。それが、わたしのロレックス賞受賞をきっかけに、世界中でＩＫＴＴの活動がテレビや雑誌などで紹介され、それに伴いカンボジアシルクへの関心と需要が生まれ、NGOやショップへの引き合いも増え始めていた。その出発点にあるロレックス賞、ならびに選考委員の方々には、改めて感謝したい。

木を喰う男たち

一か月ほど前に棟上げを行なうまでにこぎつけた、「伝統の森」で四棟目となる高床式家屋。その作りかけの家を残して、棟梁と大工たち、そして材木が消えた。二〇〇五年七月のことである。

だが、どうもカンボジアではよくある話らしい。まわりの皆は、そんなに驚かない。そのことに、わたしは驚いたのだが。

思い返せば、前兆はあった。シェムリアップでの仕事が立て込んで、しばらく森の現場に顔を出さなかった。そしてある日、「伝統の森」に出かけてみると、壁板の取りつけが進んでいたのだが、どこかおかしい。西側と南側の壁板は、横向きに打ちつけてあるのに、北側の壁板は縦向きなのだ。どうしてそんなことになったのか。

カンボジアで家を建てる場合、自分たちで建ててしまうのでなければ、大工の棟梁に仕事を頼む。建物の大きさや造作を伝えると、棟梁は必要な大工や職人を集めてくる。そして、柱や床板、壁板となる材木の必要量を施主に、つまりわたしに申告する。材木を購入・手配するのは施主の役割だ。そして、棟梁と職人たちは現場に住み込んで建物を建てる——のが一般的のようだ。用意された材木から、板材をどう取るのかは棟梁に任されている。

このとき棟梁は、家を建てるのに必要最低限の材木を、施主に申告するのではない。使えない材質の木が混じることもあるだろうし、切り出し損ねることもあるだろう。だが、それ以上の余禄を見ているようだ。切り出した後の端材の処分も棟梁の裁量による。端材とはいえ、少なくとも薪になる。つまり、端材をたくさん作って売れば、それはそれで儲けになる。壁板の向きが違うのは、端材を優先して売りすぎてしまったがための、つじつま合わせだった。素知らぬ顔をして仕事を続けていたが、ついにどうにも立ち行かなくなったのだろう。残った材木と一緒に消えてしまった。

この棟梁には、相棒がいた。わたしが不在のときに「伝統の森」のマネジメントを預けていたIKTTのスタッフである。彼は、棟梁が出すままの必要量以上の資材リストをわたしに持ってきていた。それも、相場よりも高めの単価の見積書で。それまでの彼の仕事ぶりがまじめだったことと、わたしが忙しすぎたことが重なり、仕事を任せっきりにし、見積もりをきちんとチェックしていなかった。

それまでも、森の木を売っていた男たちはいた。育ててきた森の木のなかからチークのように高く売れる木、香料となる木などを選んで売る者、間伐するといいながら、太い立木を選んで伐って売っている者もいた。彼らは、わたしがそれに気づくと居づらくなり、森を出ていった。だが、森の住人たちは、その男が木を売っていることを知っても止めようとはしない。「モリモトが知ったら怒るにちがいない」と考えるのだろうが、それ以上の行動には至らないのだ。

わたしは、「伝統の森」の住人たちに、森の木を勝手に伐ってはいけない、と言い続けてきた。だが、なぜそれがいけないのか、彼らの多くはじつは理解していない。木はそこにあるもので、それを伐れば材木として、あるいは薪として売れる。金になる。それなのに、なぜ伐ってはいけないのだ、と思っているようだ。戦乱とその後の混乱のなかを生き抜いてきた彼らにしてみれば、それは「道に落ちている金を拾うな」と言われているに等しいのだろう。だが、それを繰り返していては、未来はない。今日伐った木は、明日には金になる。だが、その木が育つには、十年二十年の歳月が必要なのである。

＊＊＊

棟梁の相棒となったスタッフも、まもなく辞めていった。おとなしくてまじめな男だったが、結婚して変わってしまった。地元の人たちからみれば、ＩＫＴＴも立派な「外資系企業」のひとつに見える。そして、金持ちの外国人が儲けているところから、その分け前を頂戴するのは当然の役得だ、……一部にはそんな考えを持っている者がいる。結婚して面倒をみる家族が増え、親類縁者からは妙な期待が寄せられ、入れ知恵されたのかもしれない。そして、そのプレッシャーに押し切られたようだ。残念だが、しかたがない。それも、彼の人生である。

移住のためのアンケート

二〇〇六年四月には、織り手の住居兼作業場となる高床式の家を、プノンペンからチャムの棟梁を迎えて、建て始めた。いよいよシェムリアップから「伝統の森」への移住を具体化させる計画が動き始める。

この時点で「伝統の森」に暮らすのは、その多くがカンポット州タコー村出身の、わたしが「カンポット組」と呼ぶ人たちである。男たちは荒地を開墾していく作業や畑仕事を、女性たちは桑畑と養蚕、綿花栽培などを担当してくれている。それは、いわば織物のための、糸や染め材などの素材を準備する仕事。今回、シェムリアップの工房で染め織りの仕事をしていた人たちが暮らし始めることで、「伝統の森」での仕事は、素材から染め織りまでの工程となり、「伝統の森」再生計画の全体像の構築へと一歩進むことになる。

その移住第一陣を引き受けてくれたのは、タケオ出身のオムソットとその一族である。オムソットは、一九九六年のＩＫＴＴ設立当初から、伝統織物復元の活動に参加してくれている。二〇〇〇年のプノンペンからシェムリアップへの移転の際にも、行動をともにしてくれた。わたしにとっては身内のようなもの。そんな彼女の十年にわたる貢献に感謝する意味で、「伝統の森」の工芸村エリア予定地にオムソットの家を建てることにした。これはこれで、ちょっと立派な造りの高床式住居を考えている。

だが、シェムリアップのＩＫＴＴ本体を「伝統の森」へ移住させたいわたしの気持ちとは裏腹に、シェムリアップで暮らす研修生の多くは、移住そのものを不安に思っているようだ。電気はあるのか、水は、市場は、と不安の種を数え上げればきりがない。学校については「伝統の森学園」を作る方向で動き始めているのだが、まだ校舎があるわけでもない。それは、絵に描いた餅を食え、といっているようなもの。

何がいちばん心配なのか。それを知ったうえで具体的な移住計画を考えるために、シェムリアップのスタッフ全員、約三〇〇人にアンケートをとることにした。そして、手元に戻ってきた回答を読んでみると、わたしが研修生たちに、行くのか行かないのかと迫っている、そんな印象が理解できた。「モリモトが行けと言うなら行ってもいい」そんな悲壮なニュアンスの回答もあった。

これは別の驚きだが、今回のクメール語で書かれたアンケートの回答を、事務所で働く五人ほどが英語に訳してくれた。英語学校に通う授業料を補助してきた、その成果がこんなときに見えてくる。

行けないと答えた人たちの多くは、子どもが学校に行っているとか、家族に病人がいるとか、おばあちゃんが高齢でその面倒を見なければいけないから、というそれぞれの事情による。それとは別に、仕事を終えてから英語や日本語の学校に毎日通っているから、という向学心のあるグループが約二十人。すぐにでも行ってもいいと答えた人が約一〇〇人いた。これが当面の移住メンバーとなる。

「伝統の森」がきれいに整備されて公園みたいになって暮らしやすくなってから行きたいと言い出しても知らないぞ、と皆の前で言ってみる。すると、若干の動揺が走る。そして、通いでよければ、という反応も表われた。約四十人。場合によれば、通勤バスならぬ、通勤トラックを走らせることも検討しなければ。だが、時間はまだある。住居の建設と移住も、できる範囲で段階的に進めていけばいい。アンケートを実施したことで、移住に至る具体的な目途が見えてきた。

アンケートには、移住以外のその他の回答項目を設けた。それを読みながら、すでに五年ほどＩＫＴＴで働いてきた若い研修生たちが、伝統の織物の仕事に誇りを持ってくれていることや、もっと腕を上げていきたいという思いを持ってくれていることも知った。それは、とてもうれしいこと、改めて研修生の心を知り得たことが、わたしにとって大きな収穫だった。

ＩＫＴＴの基本は、人を育てること。わたしが何かやりたいと思っても、それを担ってくれる人がいなければ始まらない。そのためには、織りができる、染めができる人を育てる。でもそれは急いでできることではない。五年、十年の時間が必要なこと。十年やって一人前の、職人の世界である。

人を育てながら、なおＩＫＴＴの活動は、いわばアメーバ。必要なときに、そのときどきに合わせて、増殖したり縮小したり、流動的で可変的であっていいと思っている。そのなかで、今回の「伝統の森」

への移住は、新たな細胞分裂を促す作業ともいえる。

「緊急のお願い」

「伝統の森」の入り口から道路を挟んで真向かい、約四ヘクタールの土地を買わないかという話が持ち込まれたのは二〇〇六年三月のこと。以前、この土地のオーナーとそれとなく話をしたことがあるが、そのときには「絶対に売らない」と言っていた。だが、急に現金が必要になったようだ。

じつは、二か月前には第三期エリア（二〇〇四年の暮れに取得）のさらに南側の土地のオーナーが「土地を買わないか」と言ってきた。迷いもあり、提示された金額が思っていたよりも高く、その費用を集められずにいた。しばらくすると、買い手がついたのか突然ブルドーザーが入り、そこは更地になってしまった。育っていた木々がいとも簡単に切り倒されていくのを見ながら、残念な気持ちがある自分に気づいた。売買が繰り返され、土地の値段はどんどん上がっていく。土地ころがしのバブルが、こんなところまでやってきた。そんな危機感もあり、今回は土地取得を真剣に考え始めた。そして縁あって借用の目途がたち、購入することができた。

その翌月、今度は工芸村の沼の対岸の土地を持つオーナーが、土地を売ってもいいと言ってきた。どうしたものか。そんな余裕はない、手持ちの資金はすでに底をついている。だが、この土地が取得できれば、「伝統の森」に〝水辺〟を組み込むことができる。敷地のかなりの部分が沼と接している。対岸の、その沼を囲む土地が「伝統の森」の一部になれば、沼とその水を活用した新たな展開――たとえば、これまでのアヒルの飼育に加え、淡水魚や川エビの養殖など「伝統の森」に暮らす人たちの生活に直結する新しい事業の展開――も可能になる。水があれば周辺の農地への灌水作業もスムースに行なえるなど、今後「伝統の森」を発展させる過程において、水利・治水のための根幹がかなりの部分で保証される。もちろん、新たに取得した土地では、さらなる自然の「森」の育成とともに、桑畑や綿花畑、村びとたちの暮らしを支える野菜畑への期待も膨らむ。

この土地もすでに一度は転売された土地であり、現在のオーナーは売る意思はないと言っていた。以来、数年が過ぎていたが、留学していた息子がシェムリアップで事業を始めるにあたり、その頭金が必要になったらしい。おそらくは、わたしが第四期エリアとなる土地の購入を決めたことが、どこからか伝わったのだろう。今回提示された土地は、約四ヘクタール。早いうちにアクションを起こさなければ、ここも転売されていく運命にあった。

ちょうどシェムリアップの工房にいらっしゃった写真家の大村次郷氏にその話をしたところ、「森本さんのまわりにいる支援者に協力を求めたらどうか」という提案をいただいた。まる一日、考えた末、わたしは「緊急のお願い」として、土地購入の支援協力をメイルニュースで呼びかけることを決めた。

＊＊＊

メイルニュースとウェブサイト上での呼びかけにもかかわらず、直後からたくさんの方たちから支援のお申し出をいただいた。その反響の大きさに、わたし自身が驚くほど。多くの人たちがＩＫＴＴの活動への思いを、共有していただいていることを改めて知った。そして、個人の方だけではなく、これまでに何度も報告会に招いていただいている福岡のＮＰＯ「明日のカンボジアを考える会」や、長野県飯田のＮＰＯ「ふるさと南信州緑の基金」からも協力するとの連絡をいただいた。こうした声を追い風に、わたしは土地オーナーとの交渉を開始。八月には土地の登記手続に着手し、土地代金の支払いも済ませ、十月には土地取得手続きがすべて完了した。これにより、現在の「伝統の森」の全容、約二三ヘクタール（約七万坪）が確定、本当に村と呼べるものになった。

ご協力いただいた皆様には、ここで改めて感謝いたします。本当にありがとうございました。「伝統の森」の事業の、大きな一歩が踏み出せたと思います。

きれいな水の確保に向けて

当初の予定よりは少し遅れたが、二〇〇六年八月、オムソットの家族とその一族三十名ほどが「伝統の森」に移住していった。

オムソットをわたしがタケオの村からＩＫＴＴに招いたことで、彼女のまわりには少しずつ身内が集まっていた。もともとはタケオの村に暮らしていた彼ら彼女らも、プノンペンやシェムリアップでの町の暮らしが長くなり、水も電気もあり、欲しいものがあれば、近くの市場まで歩くか自転車で少し走れば手に入る、そんな便利な生活に慣れていた。ところが、森で暮らし始めてみると、きれいな水はない、市場はない、のないないづくし。オムソットたちの移住から一か月と少し経ったある日、わたしが「伝統の森」に行くと、オムソットが深刻な顔をしてやってきた。そして、ため息混じりに「もう森には住めない」という。全部で七家族約三十人が一緒にいれば、些細な不満も、ちりも積もればで内輪喧嘩となり、気丈な彼女も娘家族や孫たちからの突き上げを抑えきれなくなっていた。

その不便さを補うことを、一緒に考えるようにした。当面の課題は、きれいな生活用水の確保だった。

電気はなくても暮らせるが、生活用水がなければ暮らせない。「伝統の森」には、新潟県の方たちからの寄付で掘った井戸がすでに十本ほどあった。しかし、場所によって水質が違う。残念なことに、オムソットの家のそばに新たに掘った井戸の水は決してきれいとはいえない水だった。石や炭を入れ、簡易のろ過装置を設置したものの、思ったほどの効果がない。

＊＊＊

いくつかの検討の結果、沼を挟んで工芸村の東にある「新しい土地」と呼ぶ、第三期エリアの桑畑に掘った井戸の横に、給水塔を建てることにした。この井戸は、「伝統の森」のなかでも、いちばんきれいな水が得られる。東側にはシェムリアップ川が流れ、アンコール時代の水門の跡が残るところ。

給水塔は、高さ七メートルの鉄のアングル、上にはステンレス製の二〇〇〇リットルのタンクを設置した。それだけで重さ二トン。その割には、鉄のアングルが細いように思えたが、頼んだ業者も、森の住人たちも、いつものことで「大丈夫」のひとことである。

このあたりは「伝統の森」の中では高台に位置し、工芸村の作業棟のあるエリアとは約四メートルの高低差がある。だが、その高低差だけでは、約三〇〇メートル離れた作業棟まで、塩化ビニール製のパイプで水を送ることはできない。それを補うために七メートルのタワーを設置した。とりあえず、毎朝小型発電機を運んで揚水ポンプを回しタンクを水で満たす。これで、オムソット一族を始め、工芸村に暮らす村びとのためのきれいな生活用水が確保できる。

そのころのわたしは、「伝統の森」村役場の土木課のようなことで明け暮れていた。村に暮らす人たちにとって必要不可欠となる生活インフラの整備である。生活に必要な水は、延べ十一本の井戸によって支えられている（二〇一四年現在）。これらの井戸は、横田力さんをはじめとする新潟県上越市の有志の方々と、小学校の子どもたちからの寄付による。

夜間だけ動かすことにしているディーゼルの自家発電装置も、出力の大きな二五キロワットのものを思い切って購入し、それまでの五キロワットのものからパワーアップさせた。

しかし、これはこれで課題を残している。機械類には、当然のことながら管理者が必要だ。メンテナンスができなければ、機械は壊れてしまう。子どものように、機械を直すといいながらよくわからずに分解するのが好きな男たちがいる。エンジンオイルを入れ忘れ、オーバーヒートさせて機械が燃え尽きる。電極のプラスとマイナスを取り違え、ショートさせて壊してしまう。そんな冗談のような出来事があとを絶たない。今となっては、これがわたしのいちばんの悩みの種かもしれない。

エネルギーの自給

二三ヘクタール、約七万坪、たとえれば東京ドームの四倍半になった「伝統の森」。その西側には小さな川が流れている。そして、東側の一部はシェムリアップ川に接している。敷地の半分以上は開墾せずに自然林の育成地域として、大切な森を育てている。ブッシュのような荒地だった土地も、今では樹高七〜八メートルの木が育つまでになり、小さな森といえるまでになった。

その中心には、乾季にも枯れない沼がある。沼は、雨季になると川の水が流れ込み、乾季と雨季では二メートル近い高低差があり、淡水性のマングローブのような木もある。そのせいか、沼には魚がたくさんいる。森に暮らす男たちは、夕方に挿し網を仕掛け、翌朝それを上げ、日々のおかずになる魚を獲るのが仕事だったりする。

いわば、何もないところに、新しい村を本当につくってしまった。大変な仕事に取りかかってしまったわけだから、あとには引けない。約四十家族、一〇〇人を超える人たちが暮らす生活環境の整備も少しずつ進めてきた。生活用水ときれいな飲み水の確保、夜間の生活時間帯に自家発電による電力供給などは何とか実現できた。

しかし、人が増えれば沼の水も排水で汚れるのは目に見えている。人はきれいな水を望むが、その一方で、汚水も出す。しかし、それも自然なこと、それを活用することも考えていかなくてはならない。それはゴミも同じ、それを自然に戻しつつ減らしていくことや、ゴミの分別処理をすること、生活排水の再利用など、「伝統の森」の課題はさらに山積みされていく。

生活排水の処理とその再利用を考えていて、ふと亡くなられた宇井純先生のことを思いだした。ずいぶん前のことだが、宇井先生が講師をされた小さな勉強会に参加したことがある。印象に残っているのは下水処理場の話だった。一〇〇万都市の下水処理場を一か所作る費用より、十万都市の下水処理場を十か所作るほうが、本当は安いのだというような話だった。それは、開発の基本をどこにおくか、誰を主体に考えるのか、という問いかけだったように思う。

わたしは、縁あってカンボジアで伝統織物の復元とその活性化に取り組んできた。そのためには、織物に必要な桑の木や蚕、綿や麻、染料になる植物など、すべてのものを生み出していた豊かな自然環境、すなわち「生きた森」の復元が不可欠であることを学んだ。そして、布を織る人たちが暮らす生活環境とともに、人びとを取り囲む自然環境の再生なくして、織物の復元・再生はなし得ないという結論にたどり着いた。そして今、その仕事に取り組み始めた。それは、数百年数千年の時間のなかで、自然のなかで、人びとが育み培ってきた「生きる知恵」を取り戻すことでもあった。それらは急激な近代化のうちに、失われつつある。「伝統の森」再生計画の英語名は、"The Project of Wisdom from the Forest"、「森の知恵」という。森を再生し、育てる。人と自然の交流とでも言えばいいのだろうか。

気がつけば「伝統の森」再生計画に着手して、五年目を迎えようとしていた。ラックカイガラムシの移植など、いまだ実現できないこともあるが、第一期五年間の目標は七割がた達成しつつある。そして、計画達成に向けて次のステージに進むため、スタッフの森への移住を始めた。

そんな二〇〇六年の年の瀬を前に、「伝統の森」での新たな五か年計画への思いが、わたしの頭のなかで動き始めた。「伝統の森学園」の建設もそのひとつ。そしてエネルギーの自給、それは小水力発電やソーラーシステムなどの自然エネルギーを使った発電のためのハイブリッドシステムの導入。もうひとつ、古い道具や古布を常設展示するミュージアムも作りたい。でも、究極の願いは、もっともっとすばらしい布を作ること、なのだが。

王宮へ

新たな「五か年計画」について思いを巡らせ始めたからだろうか、それまで何度か書きかけては中断していたNHKブックスの原稿を、二〇〇七年四月にようやく書き上げることができた。先の『メコンにまかせ』（一九九八年）は、タイ時代からタコー村での養蚕再開プロジェクトを経て、IKTTを設立するまでの話であった。それから、ちょうど十年が経った。IKTT設立以降、「伝統の森」が本格的に動

IKTTで織り上げられた絵絣をご覧になるシハモニ国王

き始めるまでを、そのままにまとめることができたと思う。

＊＊＊

五月に入り、ドイツでの展示会の準備をばたばたとしていたところに、ノロドム・シハモニ国王陛下からの、王宮での謁見の機会を与えるという知らせが届いた。

その日は、ドイツの小さな美術館で展示会を予定していた日だった。しかし、急遽予定を変更して、王宮への準備をした。献上させていただく布は、現在のIKTTの最高の仕事といえる絵絣（ピダン）。カンボジアの織物の村でも、機械で引いた輸入生糸を使っているというのが当たり前の今、わたしたちは、カンボジアの手引きの生糸で布を織り、自然の染料だけで染めている。ほんとうに昔のままの仕事、布の輝きが違う。

謁見の場で、IKTTの藍染めの木綿のクロマーの布とともに絵絣を手にされた国王陛下には、自然の素材から人の手で作り出された布のやさしさを感じていただけたようで、「この布にはほんとうにカンボジアの心がこもっている」とのお褒めの言葉をいただくことができた。

王宮へは、オムソット、スレン、ソガエット、バンナラン、そしてリナの五人がわたしに同行し、国王陛下に謁見した。一枚の布は、多くの人たちの手を経て、はじめてできあがるもの。そのＩＫＴＴのスタッフ全員を代表しての謁見である。王宮では、皆とても緊張していたようだが、国王陛下から感謝のお言葉を直接いただけたことに勝るものはない。うれしそうな、彼女たちの顔は今も、新鮮に思い出せる。

『カンボジア絹絣の世界』

ＮＨＫブックスの原稿は、二〇〇八年一月に『カンボジア絹絣の世界――アンコールの森によみがえる村』として出版の運びとなった。二月には、大阪と東京で出版を祝う会を開催していただいた。東京青山での「出版を祝う会」では、みなさんから温かいお言葉をいただくことができた。また、高円寺の茶房・高円寺書林では、出版記念サイン会とトークショーを開催していただいた。その会場にやってこられたのが、フォトグラファーの内藤順司氏である。内藤氏は、二〇〇六年十二月に放送された「ラジオ深夜便」でのわたしの話を聞いて、取材を決意されたそうだ。

内藤氏は、日本のロックシーンを一貫して撮ってこられた。だが、それとは別に、自分の子どもたちの世代に伝える何かを撮りたい、と考えていたという。そして、スーダンで活躍されている川原尚行医師の取材に着手、そして川原医師に続く取材先として、わたしの取材を思い立ったのだという。

その年の五月、内藤氏はさっそく「伝統の森」にやってきた。翌年九月の「蚕まつり２００９」の前後にも取材を組まれ、二〇一〇年二月には、広尾にあったＪＩＣＡ地球ひろばでの写真展「甦るカンボジア――伝統織物の復興が暮らしと森の再生に至るまで」を開催。その後、大学巡回展という位置づけで、帝塚山大学、茨城キリスト教大学、北星学園大学のそれぞれの関係者の協力を得て、学内写真展とギャラリートークをこなされた。二〇一一年一月には、立命館大学生存学研究センターの協力を得て、立命館大学国際平和ミュージアム中野記念ホールでの写真展と、ＩＫＴＴの絹絣の同時展示を実現された。

森への移転

二〇〇八年一月、わたしは「伝統の森」で新しい年を迎えた。それまでのようなシェムリアップとの行き来ではなく、生活拠点を「伝統の森」に移して迎えた新年。これからは、必要に応じてシェムリアップまで出ていくことになる。

シェムリアップから「伝統の森」への道路は、砕石や土砂を積んだ大型トラックが行き来するため、土埃だらけのデコボコ道。雨季にはぬかるみ、車がスタックすることもしばしば。シェムリアップの事務所と「伝統の森」との連絡も、当時のカンボジアでは携帯電話も一般的ではなく、はじめは長距離用無線機を使っていた。もちろん、インターネットも接続できず、週に一度くらいシェムリアップの町に出たときにメールのチェックをするような日々だった。やがて不安定ながら、携帯電話の電波が届くようになった。わずか数年のうちの、インフラ環境の進展には目を見張るものがある。

だが、わたしが「伝統の森」に暮らすようになって、いちばんの変化は、森の住人たち、それも男たちがよく働くようになったことだった。それまでは、わたしが森に到着するのは十一時近く、彼らにしても、わたしが着くまでは何となく作業をするだけだった。また、わたしにしても、毎日通えるわけでもなく、現場で仕事の大枠を指示し進捗状況は確認できても、彼らの個々の作業の質に言及するまでには至らなかった。指示が十分ではなかったということもあるのだが、何のための作業なのか、そしてそのためには何に気をつけなければならないのか、という着眼点が彼らとわたしとではまったく違っていることもあった。そうした齟齬も次第に埋まり、村長であるトウルも、わたしの意図を理解したうえで、皆に指示を出すようになっていくのが見てとれた。

こうして「伝統の森」再生プロジェクトは、新たなステージへと踏み出した。

7

「伝統の森」の現在

畑に侵入してきた水牛の頭骨を手に

グランと家族の物語

タケオの村びとの口コミを頼ってやってきたのか、二〇〇七年も暮れのころ、総勢九人の大家族が「伝統の森」に転がり込んできた。父と母、そして子ども七人。そのいちばん下から三番目の女の子、その名をグランという。

＊＊＊

二〇〇八年五月、フォトグラファーの内藤順司氏がはじめて「伝統の森」にやってきたとき、真っ先に近寄ってきたのが当時十歳のグランだった。以来、グランは内藤氏のお気に入りとなった。

「伝統の森」には、いろいろな訪問客がやってくる。日本から高校生や大学生のスタディツアーのグループがやってくると、好奇心いっぱいの「伝統の森」の子どもたちも集まってくる。子どもたちは、彼ら彼女らと鬼ごっこなどして、走り回るのが楽しくてしかたないのだ。「伝統の森」の子どもたちは、まったくといって人見知りしない。それは「伝統の森」が平和であることの証でもある。

グランと、その姉アン、そしてグランの友だちのチャンの三人は、内藤氏の撮影についてまわり、村のなか、森のなかをあちこちと案内してもいたようだ。

「これおいしいよ、食べてごらん」

林のなかで近くの枝からもぎ取った木の実を、内藤氏に差し出すグラン。新参者である内藤氏に、グランなりの「伝統の森」で暮らす知恵を伝授していたに違いない。

そして翌年九月、「蚕まつり２００９」に合わせて、内藤氏は再び「伝統の森」にやってきた。グランとの再会を楽しみにして。——だが、そのときグランたち一家の姿は「伝統の森」になかった。

「伝統の森」に暮らして約一年半、彼らは一生懸命に働いていた。父はよく気がつく働き者で、大工の手伝いをしていた。母と上の三人の娘は、織り手として働いた。五人が働いて月に三〇〇ドルほどの収入である。住み家は、わたしが「伝統の森」の社宅と呼ぶ共同住宅の二部屋を提供。「伝統の森」では電気と水道はタダ（電気は夕方から夜九時過ぎまで、共用のジェネレーターを回している夜間だけ使用できる。水はいくつかある井戸と貯水タンクを使用する）。切り詰めた生活をしようとすれば、「伝統の森」の住人は、最低限の食費以外にはほとんど支出なしでも暮らしていける。

人見知りしないグランは内藤氏のお気に入りとなった

グランも、遊んでばかりいたのではない。「伝統の森」に暮らす他の子どもたちと同じように、牛の世話を担当した。朝早く、牛小屋から牛を連れ出し、首縄を引いて森のなかへ連れていき、適当な立ち木などに縄を結ぶ。ときおり、位置を替えてやり、夕方には牛小屋に連れて帰る。牛を放し飼いにすると、野菜畑に入り込んで、せっかく育てたトウモロコシや空芯菜をむさぼり食ってしまう。牛は、桑の葉も大好物。シルクを生み出す蚕の餌を横取りされてはたまらない。牛を繋ぎ止めておくことは、「伝統の森」ではとても大切なことなのだ。そんなことも含め、当時わたしは、子どもひとりが牛一頭を、責任を持って世話するようにし、その代わり、きちんと仕事をしたお礼に、親に月一〇ドルを渡すようにしていた。グランの両親は、そうやって働いて得た金をしっかりと貯めていた。そしてそれを元手に「伝統の森」よりもさらに奥地に行ったところで、土地を手に入れた。

土地なし農民だった家族が、土地あり農民になった。

＊＊＊

グランの家族が「伝統の森」にやってくるまでどこで何をしていたのか、わたしからたずねたことはない。彼らもはっきりとは言わなかったが、あちこちを転々として、食いつなぐような暮らしをしていたようだ。タイに出稼ぎに出ていたらしいことは、子どもたちが片言のタイ語を話すことからわかる。あるときグランが、「ここはいい。……食べるものもあるし、寝るところもある」とボソっと口にしたことがあった。子どもごころに、今日食べるものはあるのだろうか、今夜はどこに寝るのだろうかと、日々心配しつつ暮らしていたことがあったことが推し量れる。

彼らだけではなく、カンボジアにはたくさんの土地なし農民がいる。内戦終結後、国外の難民キャンプ等に収容されていた帰還難民にもＵＮＨＣＲと政府から土地を提供されることになっていた。だが、実体はどうだったのだろうか。着のみ着のままで難民となった者に財産と呼べるものはない。村に戻っても、受け入れてくれる親族が生きていればいいが、そうとは限らない。その親族にしても、辛く苦しい時代を生き延びてきた人たちである。国外に逃げた人たちを、快く受け入れてくれるとも限らない。

「伝統の森」の入り口のそば、現在「伝統の森学園」がある土地も、そんな帰還難民のために用意された土地だった。間口が三〇メートル奥行き一〇〇メートル。九二年、まだ内戦が終わるか終わらないかのころ、何もない荒地を開墾して生活することは容易なことではない。なかには提供されたその土地をわずかな（といっても、しばらくは食うに困らないくらいの）現金で手放す人たちもいた。そうやって手放された土地を、地元の村びとが買い取り、それをわたしは縁があり手に入れた。

シェムリアップに工房を開いて間もなくのころ、ある家族の娘さん二人が働き始めた。やがて、その母親も働き始めた。その家族は、タイにあったカオイダンという難民収容センターからの帰還難民で、道沿いの簡素な家に暮らしていた。道沿いというものの、じつは道路の一部。数年して町が整備され始め、その小さな家は撤去されることになった。しかし、働いて貯めたお金で、郊外に小さいながらも自分たちの土地を手に入れ、移り住んでいった。IKTTで働いている女性の家族が、かつて難民だったという例は少なくない。それは、村のなかでも貧しい人たちを受け入れてきた結果でもあるのだが。

オムペットの物語

IKTTには、伝統的な絹織物復興の象徴のような、〝おばあ〟たちがいた。

もとはといえば、ユネスコのコンサルタントとして一九九五年に行なった調査のなかで、わたしが出会った織り手たちである。当時すでに六十代。一九九六年にIKTTが動き始めたとき、わたしがその何人かを村から招聘した。当時、彼女たちの仕事は仲買人に買い叩かれていた。人間国宝級の織り手の仕事が、である。村ではかろうじて、絣の布は織られていた。しかし、その多くは化学染料の淡いグリーンや紫といった、決して上品とはいえないものがほとんどだった。柄も簡単なものが多く、わたしから見れば、それは悲惨な状況に思えた。そんな彼女たちに、誇りを取り戻す仕事をしてほしいと思った。それが、わたしにＩＫＴＴ設立に踏み切らせた直接の動機である。

彼女たちに古い絣布を見せ、それをもう一度復元できないかと話し合い、仲買人の出す織り賃以上を払うから手間をかけて最高といえる布を作ってほしいと頼んで回った。カンボジアじゅうを回っても、そんな相談をできる、したいと思えた織り手はわずか二十人ほど。それが、彼女たちとの最初の仕事だった。

そんな〝おばあ〟のひとり、オムソットは、ＩＫＴＴ発足当初から、カンボジア伝統の絹絣の復元作業に携わってくれた。だが、わたしが「昔のように自然染料で」といっても、すでに村で化学染料に慣れ親しんでいた織り手たちにとって、それは試行錯誤の日々であったはず。彼女は、一九九八年の四月から五月にかけて横浜髙島屋と玉川髙島屋で開催された「カンボジア・クメール伝統織物展」で織りの実演も担当してくれている。

そして、オムソットの従姉妹のオムペット。彼女は、オムソットに少し遅れて、ＩＫＴＴの復元作業に加わった。ＴＶドキュメンタリー「素敵な宇宙船地球号」（二〇〇四年二月放送）では、彼女はカメラに向かって「森本さんはわたしに昔のものを思い出して作ってほしいと言ってきたの。彼はまじめな人だから、わたしはたくさん種類を作って助けてあげたいと思ったの」と語っている。

シェムリアップにＩＫＴＴを移転した二〇〇〇年、「伝統の活性化」を視野に工房を開設し研修生を受け入れ、染め織りの技術を次の世代へと継承させる作業を始めた。そのとき、技術的チーフとなる

70歳を過ぎてなお、新しい柄に挑戦したオムペット

三十代のソガエットとともに、村からきてくれたのがオムチアである。
オムソット、オムペット、そしてオムチア。ＩＫＴＴの第一世代の要となり、伝統の織布の復元に力を貸してくれた。その貢献は、感謝の一言に尽きる。その三人のなかで最後まで残ってくれたのが、オムペットであった。オムソットやオムチアがＩＫＴＴを離れていくなかで、彼女は「わたしが頑張らなくてどうする」といわんばかりに、かくしゃくと仕事をする〝おばあ〟であった。フォトグラファーの内藤順司氏が撮った作品のなかに、括り作業をする彼女の素敵なシルエットがある。
そのオムペット、元気に暮らしていたが、ふだんの様子を見ていると手に少しふるえが出ている。もういい歳なのだから、わたしは彼女がこの「伝統の森」で仕事をしてくれているだけでいいと思っていた。バリバリ仕事をしなくても、彼女が若い研修生たちの前で伝統の所作・作法のようなものを伝えてくれるだけで十分ではないかと。ところが、糸を括るときには、その手のふるえが一瞬止まる。さすが、人間国宝級の〝おばあ〟である。

ある日、そんなオムペットが古いカンボジアの絣布が載っている図録を手に、わたしのところにやってきた。そして、そのなかの一枚の絣布の写真を示し「この絣柄をやりたいのだが」と言った。わたしは本当にびっくりした。

＊＊＊

オムペットくらいの経験者になれば、改めて新しい柄を手がけなくても、手の記憶として完成度の高い「手持ちのカード」のような柄をたくさん持っている。それにもかかわらず、新しい柄に挑戦しようという情熱に、わたしはまず驚かされた。それに、一枚の絣布を括るという作業は、そんなに簡単なことではない。熟練の腕前とはいえ、新しい柄となればそれ相応のエネルギーを必要とする。

じつは、カンボジアの絣布には、紙に描かれた図案はない。文様の構図や配色など、いわゆるデザインにあたる情報はすべて括り手の頭のなか、いわば「手の記憶」としてある。

絣は、図柄を糸に先に染めることにその特徴がある。カンボジアの絹絣は、綾織りの織組織で、緯糸《よこいと》に柄をおく緯糸絣である。インドやインドネシアには、平織りの織組織で経糸《たていと》と緯糸、それぞれに柄をおいた布もある（経緯絣、ダブルイカットともいう）。カンボジアの場合は、織り機にかける経糸は無地に染める。緯糸は柄にしたがい芭蕉の紐できつく括って、染める。括られたところには染め色（染め液）が入らない、防染という技法である。この括りと染めを何度も繰り返し、染め重ねて、緯糸の上に図柄を染め上げる。こうしてできあがった糸を織り上げることで、絣の布は完成する。

つまり、緯糸を括り始める段階で、一枚の布の、全体の絵柄を把握している必要がある。構図も配色も、すべてが括り手の頭のなかで完結していなければならない。そして、その構図を分解し、一本一本の糸の上の点《ドット》として括り、染め分け、その点の集合で柄が再構成される。――鉛筆や木炭で下絵を描いて構図を確認することや、図案を見ながら写す作業とは根本的に異なり、頭のなかにある図案から、そのつど新たに作り出されていく。とてもクリエイティブな作業といえる。

そして、オムペットが新たに手がけようというレベルの絣布となると、括りの作業だけでも半年以上の時間を必要とする。一枚の絣布を括ることは、それだけの集中力と体力を必要とする仕事なのである。七十歳を超えてなお、あえて新しい絣柄に挑戦しようとするオムペットの情熱に、わたしは感服した。

そのオムペットも二〇一一年の末には村に帰りたい、と言ってきた。そんな心積もりで、最後の仕事として新しい柄を仕上げたのかもしれない。最後に括った新柄の絣布を残し、彼女はタケオの村へと帰っていった。十五歳のころから母親を手伝うようにして始めた織りの世界で、六〇年近いその人生を、布を生み出す仕事に費やしてきた。すばらしい、ひとりのカンボジア女性の物語である。

現在のＩＫＴＴでは、そんな第一世代の女性たちから、四十歳代になるその娘さんにあたる第二世代、孫になる若手の第三世代が主力として仕事を担うようになっている。そして、その子どもたち、わたしから見れば第四世代の子どもたちが「伝統の森」を元気に走りまわっている。

ソガエットの物語

二〇〇〇年にＩＫＴＴをシェムリアップに移転し、新たに工房を開設して研修生の受け入れを始めたとき、織りの技術部門のチーフとして、わたしがタケオの村から招聘したのが、ソガエットである。

一九九五年のユネスコの調査で各地の村を回ったときに、腕のいい織り手のひとりとして、彼女の母親と知り合った。以来、ＩＫＴＴの絣布の復元作業においても、いろいろなかたちで協力を仰いできた。しかし、高齢だった母親に代わり、娘のソガエットが織り機に向かって復元の布を織っていたことを、後から知った。根っからの職人気質のところも、母親ゆずり。

やや几帳面すぎるところもあり、シェムリアップにきた直後は体調を崩したこともあったが、その後は、織り機の台数もスタッフもどんどん増えるなか、日々対応に追われながらも、チーフとしての風格も出てきた。現在では、持ち前の指導力を発揮し、何人もの若手スタッフを育てつつ、織り場全体にも目配りを怠らない、名実ともに染織部門の技術的リーダーとなっている。

二〇〇三年の秋に福岡市美術館で開催された「カンボジアの染織」展では、バンナランとともに福岡入りし、会場で括りと織りの実演を担当した。会場には、福岡市美術館の所蔵品となった絹絣に加えて、日米のコレクターが所有するカンボジアの伝統的な染織品、合わせて一〇〇点近くが展示された。これだけの数の、しかもそれなりのクオリティのカンボジアの伝統的な絹織物が一堂に集まったのは、おそらく世界でもはじめてのことだったはず。日本でたくさんのすばらしいカンボジアの古い絣布を目にしてどんなことを思ったのかと、後日ソガエットにたずねた方がいた。そのときの彼女の感想は――。

「カンボジアの古いすばらしい絹絣が、海外にあることは悪いことだとは思いません。それだけたくさんの方々の目に触れる機会があるということですから。それに、カンボジアにその絣布がなくても、それを見ることができれば、わたしたちはそれと同じものをまた作ることもできるのですから」

ソガエットの自信の表れともとれる発言だ。だが、彼女だけでなく、これはあるレベル以上のカンボジアの織り手たちにとっては当然ともいえる。

カンボジアの絣布に紙に描かれた図案や型紙がないことは、すでに触れた。すべては作り手の頭のなかにある。彼女たちが、どうやって絣柄のモチーフを把握し、その組み合わせとレイアウトを記憶しているのか。独特の計算式のようなものを頭のなかに持っているように思える。最終的には緯糸を括る点《ドット》の組み合わせにまで分解し、把握していることは間違いない。

＊＊＊

タケオからシェムリアップにやってきたソガエット

ある日、わたしがプノンペンのアンティークショップで一枚の古い絣布を購入し、それを彼女たちに預けたときのこと。すぐさま柄の糸目を数え始めた。個々のモチーフが、括りによって作りだされるドットがいくつ集まって構成されているのかを数えているのだ。ドットの構成が把握できれば、あとはそこにどんな色を置くのか、その色はどの染め材で染め上げるのかという、手順が見えてくる。

古い布は、織り手にとって大切な教科書。一枚の絣布から、さまざまなことが読み取れる。モチーフの構成を把握するだけでなく、色使いも学ぶことができる。美しい布には、美しい理由がある。熟練の技といえる仕事が施されている。たとえば、ある柄を際立たせるために、地色との際の部分だけ色を淡くする（＝重ね染めする際に、括りをほどかず、染め重ねる回数を減らす）とか、部分的に濃い色を残すことでモチーフに影をつくり立体的に見せる工夫など、重ねの色の効果を計算する、そんな細かいところにまで注意が払われていることがわかる。

だからこそ、現物の布を見ることができれば、その布は再現できると、ソガエットは言うのである。もっと極端な場合、一枚の布の写真からでも、試行錯誤はあるかもしれないが、再現が可能なのである。それは熟練したひとりの職人としての、彼女の誇りでもある。

しかし、その上で大切なことがある。現在、バンコクのアンティーク市場に「カンボジアの古い絣」として出回っているものの多くは、タイの織り手によって複製されたもの。が、わたしから見ればあきらかに違う。クメールの織り手が作ったものとは区別できる。それは、柄の外見はコピーできても、その柄への思い入れやクメールの織り手の布に込める心はコピーできない、ということにつきる。ソガエットの心、それは古くからのクメールの織り手のなかに受け継がれてきた、布を作る心なのである。

モ・ウンの物語

モ・ウンとは、一九九五年にわたしがカンポット州タコー村で始めた伝統的養蚕の再開プロジェクト以来のつきあいである。村のなかの三つの養蚕グループのうちの、ひとつのグループのリーダーが彼女の弟のモク・ベエットだった。その彼は、二〇〇三年二月にタコー村から「伝統の森」の開墾組の第一

養蚕から座繰りの糸引きまでをこなすモ・ウン

陣のひとりとしてやってきてくれた。

ベエット自身、養蚕と、座繰りと呼ばれる繭から の生糸引きの熟練者のひとりだった。「伝統の森」で育ち始めた桑の木を見ているうちに我慢できなくなって、自分の判断でタコー村から蚕の卵を持ってこさせて「伝統の森」で養蚕を始めてしまった、その本人である。残念ながら、それから一年後、彼は体調を崩し急に亡くなってしまう。わたしにとっては、彼は「伝統の森」の養蚕事業の開祖のような存在といえる。

ベエットの姉にあたるモ・ウンは、二〇〇四年一月に「伝統の森」にやってきた。はじめのころは開墾の仕事に従事。やがて、彼女が持つ経験から、自然に養蚕組のリーダーのひとりになっていた。糸引きの準備なども、こまめにこなしてくれている。

一緒にいた娘さんは、「伝統の森」にポーサット州からきていた若者と結婚し、それを機にポーサットの村に行ってしまった。モ・ウン自身は、「伝統の森」でひとりになっても、カンポットの村に帰りたいとは思っていないようだ。つい最近、その娘さんの小さな女の子、つまり孫を預かり、一緒に暮らし始めた。

「ここでの仕事はつらくないし、ここで暮らすことに不自由はない。カンポットに帰るより、ここで暮らしたい。田舎の村での炎天下での農作業よりは、この大きな木の下で繭から糸を引くほうが楽。今のように生繭がどんどん届くと、糸を引く仕事は増えるが、繭がたくさんあることは仕事があることだから苦ではない。それに、ここでは仕事が上達したことで給料も増える」と彼女は言う。

養蚕と糸引きの仕事以外に、彼女には「伝統の森」で働く人たちの出欠を確認する仕事も担当してもらっている。古株のひとりでもあるし、特に森の村に暮らす人たちをよく知っている。朝と午後、「伝統の森」の村のなかを回り、彼ら彼女らが働いているかどうかを確かめる。冗談のようだけれども、そうしないと、朝いた人が午後にはいないこともある。大きく五か所のエリアで、それぞれが働いている。それを見て回るのも彼女の仕事である。

ビジターズノート

シェムリアップにある工房二階のショップの入り口には、ビジターズノートが置いてある。そこには、カンボジアの人たちの優しさに触れたことへの感激の言葉などと並んで、工房で見た精緻な括りの作業に感心したというコメントや、織り上げられた絣布の美しさへのお誉めの言葉など、工房を見学された方々からの、わたしたちＩＫＴＴの活動に対するたくさんの励ましの言葉が書き込まれている。そうしたコメントのなかで、とくに増えているように思えるのが、「子連れのお母さんがいる職場」についてである。
シルクのハンカチの縁かがりをするお母さんの脇に吊るされたハンモックのなかで、気持ちよさそうに寝ている赤ん坊。小学校から戻ってきた小さな男の子が、絣の括りをするお母さんの横で宿題をやっている。織り機の間を、走り回る子どもたちもいる。そんな光景が、ＩＫＴＴでは当たり前。なかには孫を連れてきている年配の女性もいる。子どもの数は、「伝統の森」の現場と合わせ、二〇〇六年の当時ですら七十人を超えていた。

職場で子どもの世話をしていては、仕事の能率が落ちるのではないかと心配する人がいる。だが、家に置いてきた子どものことを気にかけていては、仕事に身が入らない。それよりも、一日に一、二時間を子どもの世話にとられたとしても、子どもが目の届くところにいることで安心して、残りの五時間を仕事に集中できる環境のほうが、結果としてクオリティの高い仕事ができる。クメールの伝統の織物を生み出すために、いちばん大切なものは素材や技術よりも、いいものを作り出そうとする心である。子どもを連れて元気に働くお母さんたちの心、それは豊かな仕事環境のなかで実現可能になる。

わたしたちの工房では、十五歳から七十五歳までの三世代が、それぞれの役割を担いながら一緒になって仕事をしている。小さな子どもたちは、いわば第四世代。工房のなかを遊び場のようにして日々を送る子どもたちは、お母さんが働く姿を見ながら育っていく。それは素敵なこと。ゆくゆくは、ＩＫＴＴの未来の担い手になるための、英才教育を受けている最中なのだと思っている。

先日も、生後五か月になる赤ん坊をつれて、人事担当の女性が職場復帰してきた。彼女のデスクの横には、さっそく小さなハンモックが吊るされ、そのなかで小さな赤ん坊は気持ちよさそうに眠っている。

子どもを横に、括りをするソキアン

子どもが生まれるその日まで、彼女は仕事を休まず続け、そして元気に戦線復帰した。彼女はまだ二十歳。カンボジアは数え年なので、日本でいえば十九歳のお母さん。ＩＫＴＴには、そんな子連れのお母さんがたくさんいる。ＩＫＴＴで働き始めたときは、独身。やがてボーイフレンドを見つけて結婚。今では、赤ん坊を抱えて通って来るお母さんたち。なかにはダンナさんより稼ぎのいい人もいる。そんな彼女たちが、現在のＩＫＴＴの中堅どころとして働いている。そしてそれは、彼女の隣で仕事をしている未婚の若い女性たちの未来の姿でもある。

ＩＫＴＴで働く彼女たちを見ていると、子どもが生まれたことで、独身時代よりも真面目に仕事に取り組むようになっているように見える。その仕事への姿勢は、それはそのまま、食べること、生きていくことへの真剣さの表われだと思う。そして、そんな彼女たちの仕事に打ち込むエネルギーは、そっくりそのままＩＫＴＴの活動を前進させる原動力なのである。

そんな彼女たちの勤続年数の統計を取ってみた。すでに十年を超える人が一三〇人ほどいることがわかった。これは、すごい。子どもができても働き続けられる職場。そして、そんな女性たちがIKTTの実働部隊として、日々の仕事を責任もって担ってくれている。そのせいか、最近わたしの日々の仕事が少なくなり、うれしい反面、さびしい気もしたりする。

わたしたちの仕事は、人が基本。わたしが新しく何かを始めたいと思っても、それを担う人がいなければ、何もできない。人が育つことで、仕事も大きく育つことができる。小さな子どもたちが育っていくように、IKTTの仕事も育っていくことができれば、と願う。

そして、子どもたちは、わたしたちの未来といえる。そんな子どもたちがしあわせに暮らせる環境を作ることが、わたしの仕事でもある。

シジミと牛糞

シェムリアップでは、トンレサップ湖で採れたシジミが、道端で売られている。天日干ししたシジミを塩とトウガラシで和えたもので、IKTTで働く皆の大好物のひとつ。小さな空き缶一杯で、五〇〇リエル(約一〇円)が相場のようだ。そのシジミを、といってもその貝殻を染めに使う。

自然染色では、染め色を定着・発色させるために、媒染の液に浸ける。その媒染の違いにより、同じ染め材であっても発色は異なる。たとえば、インディアン・アーモンドの葉は、明礬《みょうばん》媒染で黄色、鉄媒染では黒色になる。IKTTでは、その媒染もすべて自然のものを使っている。明礬、鉄(酸化鉄)、灰(灰汁)、石灰の四種が基本。廃液が環境汚染につながるカドミウムや銅などの重金属は一切使わない。

明礬はカンボジアなどでは、水の浄化剤として一般的で、市場などで普通に手に入る。日本であれば、水槽の水の浄化剤として使われている。灰汁は、バナナの幹を燃やした灰の上澄み液を利用する。酸化鉄は、二酸化鉄いわゆる鉄漿（おはぐろ）を自作する。古鉄を入れた甕に、水を入れ、ライムとお砂糖で調整しながら、酸化と還元の境のアクティブな状態を保つことがコツ。その酸化には、気温も重要な役割をする。

ココヤシの殻（中果皮）を煮出した液で布を染め、石灰の上澄み液（これが媒染である）に浸けると、赤みのあるきれいな茶色に染まる。ＩＫＴＴのハンカチや無地のスカーフの、定番の色でもある。その石灰、これまでは町の建材屋さんで簡単に買えた。ところが最近、質のいいものが手に入らなくなった。シェムリアップのバブルともいえる建築ブームで、あらゆる建材が不足している。石灰も品不足気味、カビの生えたような石灰が出回っている。

そのため、石灰も自前で作ることにした。その原料がじつはシジミ。藍染めの調査をしているときに出会った年配の男性から聞いた、藍を建てるときに使う石灰は貝殻を焼いて作っていたという話を思い出した。さっそく、シジミの貝殻を洗って乾し、焼いたものをすり潰して使ってみた――が、出来はいまいち。何かが足りない。シジミの粉は色も黒く、石灰とは似て非なるもの。

三十年近く前、タイの村で、おばあが自分用のキンマを作っているところを見た記憶がある。ビンロウジュの実と石灰を、キンマの葉で包む。それを噛むと、清涼感というか強い刺激が得られる。東南アジア各地で好まれた噛みタバコのような嗜好品、それがキンマである。このとき、ビンロウジュの実は石灰に反応し、唾は真っ赤になる。それを、ペッと地面に吐く。真っ赤な唾を吐くのをはじめてみた人は、血を吐いたのかと驚くほど。そのときの石灰も、昔は貝殻で作っていたと聞いたことを思い出した。そして、それはもっと白かった。

染め組の女性スタッフに、シジミの貝殻から白い石灰を作る秘伝を誰か知らないかと、おばあたちに聞いてくれるように頼む。すると、しばらくしてその謎が解けた。それは、なんと牛の糞と一緒に燃やすのだという。そうすると白い石灰が作れるらしい。糞を燃やして燃焼温度を高くすることが、白い石灰を作るコツのようだ。さっそく「伝統の森」の牛の糞の出番である。こうして、昔の村でしていたことが、またひとつ甦った。

些細なことではあるが、これも重要な「知恵」。こうした知恵や経験、ときに秘伝ともいえる伝承が、いとも簡単に現場から消えていくことを、何度となく経験してきた。化学染料が村に導入され、自然染料を二世代、三世代と使わなくなることで、自然の染料を普通に使っていた人たちの知恵や経験が消えていく。それは、自然とともに暮らしてきた人びとの「森の知恵」の喪失である。そんな失われかけた知恵と技を取り戻し、現代に生かすこと。それが、わたしたちＩＫＴＴの仕事であるように思う。

バックホーの到着

二〇〇六年四月、「伝統の森」にバックホー（エクスカベータ）が到着した。この重機は、「カンボジア教育支援基金ながの（ＣＥＡＦながの）」の有志の方々から寄贈されたものである。

ＣＥＡＦながのの方々とのご縁は、二〇〇五年の八月に、カンボジア日本友好学園への校舎寄贈に際しての竣工式に参加された方々が、ＣＥＡＦ東京本部代表（当時）の阿木幸男さんの案内で、ＩＫＴＴ

を訪れたことがきっかけとなった。そのとき、ＩＫＴＴの活動のあらましと現在進行中の「伝統の森」における村づくり構想をお話したところ、その趣旨に賛同いただいた方々からの出資により、バックホーの寄贈が決まり、ようやくの到着に至ったのである。関係者の方々には、改めて感謝したい。

これまで「伝統の森」では、切り株を掘り起こすなどの開墾作業や道路の造成など、すべてを手作業で行なってきた。しかし、このバックホーの到着により、今までは手のつけられなかった大きな切り株の掘り起こしなども可能になった。

翌二〇〇七年、長野県松本の庭師、赤穂正信さんが「伝統の森」にやってきた。これで四度目になる。最初は一九九九年、新聞紙上で「桑の木基金」に関する記事を目にして、プノンペン時代のＩＫＴＴにやってきた。このときは、バッタンバンで桑の苗木園の設営に取り組んでいただいた。二度目は、シェムリアップ移転後の二〇〇〇年。そして二〇〇六年には、動き始めた「伝統の森」の環境整備にアイデアと力を貸していただいた。そして今回は、バックホーをフル活用。工芸村の整備に忙しい日々を送っていただいた。帰国前の最後の大仕事は、野菜畑を作り始めた第五エリアへの道路の造成である。乾季の、水位が低くなった沼のなかに、砕石を積み、土を被せ、土手を作っていく。はじめは、遠くの村から通ってくる織り姫たちの自転車が通れるようになればと考えていたが、耕運機やトラックが通れる道幅に変更となった。さすがは日本の庭師、仕事のスピードが違う。「伝統の森」の若いスタッフたちは、彼の仕事ぶりから多くのことを学んだはず。併せて「伝統の森」の新米バックホードライバーに、扱い方のコツや日常的な点検整備を伝授していただいた。本業の造園業は、冬の間は雪のため開店休業。その間だけの、手弁当でのシルバーボランティアに感謝である。

「伝統の森」見取り図

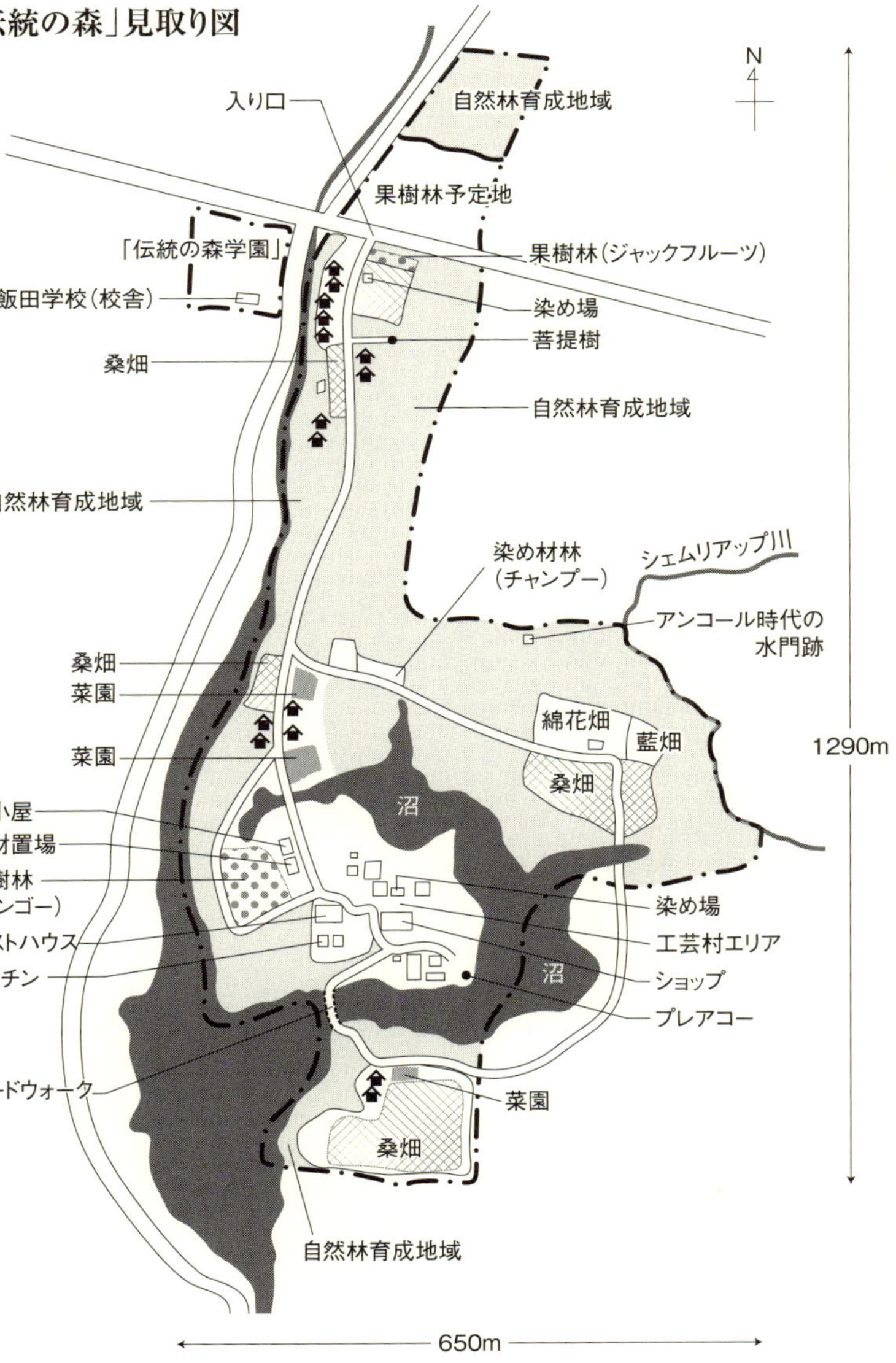

N
入り口
自然林育成地域
果樹林予定地
「伝統の森学園」
果樹林（ジャックフルーツ）
飯田学校（校舎）
染め場
菩提樹
桑畑
自然林育成地域
自然林育成地域
染め材林
（チャンプー）
シェムリアップ川
アンコール時代の
水門跡
桑畑
菜園
綿花畑
藍畑
菜園
桑畑
沼
牛小屋
資材置場
果樹林
（マンゴー）
染め場
工芸村エリア
ゲストハウス
キッチン
ショップ
沼
プレアコー
ボードウォーク
菜園
桑畑
自然林育成地域
1290m
650m

野菜作り

「伝統の森」の土壌の多くは砂地である。北にあるプノムクーレンから流れ込む自然の川の要衝で、その地形から、中心部には乾季にも枯れない大きな沼がある。九世紀、アンコール王朝初期の時代に、西に流れていた川を堰き止め、バライという大きな人工の貯水池に水を送るための、南に向かう運河が作られた。それが、現在のシェムリアップ川である。その大きな水門の構造物の跡が、今も隣接地に残っている。雨季にはたいへんな水量が流れ込むため、ときに洪水のような状態になる。ここは、常に川の土砂が流れ込んでいた土地であった。

「伝統の森」の工芸村と呼んでいるエリアも、もともとは中州の島だったところで、雨季には、そこへ通じる土地が冠水する。そのため、わたしたちは道を造成するなど、少しずつ生活環境を整えてきた。もともとが砂地ゆえ、ここで暮らし始めたとき、皆は野菜などを作ることにとても消極的だった。

当初、「伝統の森」の住人たちは、近くの村から売りに来る野菜を買っていた。それを見て、自分で食べる野菜ぐらいは自分で作ればいいじゃないか、と思っていた。トマトやナスなど簡単な夏野菜程度しか作ったことのないわたしが、皆に作り方の手ほどきをしていることに疑問を感じてもいた。あるとき、年長の男性が「自分は兵隊で地方を転戦する生活だったので、定住して野菜など作ったことがないのだ」と話しかけてきたことがある。これも戦争の傷跡かとも思ったが、今は平和時、自分の食べる野菜くらいは作ってほしい。

ちょうど日本人の男性が長期滞在し、野菜作りに汗を流してくれた。が、簡単にはいかない。そこで、まずは牛を飼い始めた。「伝統の森」の敷地の半分では、自然林の再生を促しているので、落ち葉はたくさんある。その落ち葉と牛の糞で堆肥を準備し、少し黒い土ができるようになり始めた。それを砂地に鋤き込み、土壌の改良に取り組んだ。約一年、小松菜などの簡単な葉物が少しは作れるようになった。

そんなことが、皆の間に少しずつ伝わっていく。はじめのうちは、牛の糞が落ちていても、知らん顔だった。ところが、その牛の糞で野菜が作れるようになったことがわかると、子どもたちに牛の糞を集めさせるようになった。「伝統の森」の皆が暮らす家の横には、それぞれ自由に家庭菜園を作ってもいいことにしている。それぞれの家族の力量次第で、菜園の大きさは決まる。最近では、野菜作りに精を出し、他の人に野菜を売る人も現れた。

「伝統の森」の基本事業は、伝統織物を、その素材から育て、作りきること。桑の木を植え、蚕を飼い、生糸を生産する。綿花も栽培する。藍をはじめとした染め材となる植物も育てている。いい布を作るためには、いい土が要る。まだ、決して充分な桑畑ができているわけではない。その桑の葉の生産量に、蚕の飼育数は規定される。ひいては生糸の生産量も左右される。そのためには、もっと元気に桑が育つ畑を準備しなくてはならない。まだまだ課題はある。ゆくゆくは、オーガニックファームだと胸を張れるような畑にしたい。

水牛騒動

「伝統の森」の沼のほうから、カランコロンと木鐸の音が聞こえ始めた。放し飼いの水牛たちだ。乾季になると、餌を求めて徘徊し、ときに「伝統の森」にも侵入してくる。

シェムリアップの農村部で、野菜作りをしている農家はまだ少ない。天水だけが頼りの水田稲作が中心。だから水牛や牛は、どこでも行き放題。豚も同じ。豚は餌を求めて、ところかまわず掘り返す。豚が放し飼いされているということは、その村ではまだ野菜作りが一般的ではないことの証左。昔から農業と牧畜は、ときに対立する存在だった。

一夜のうちに、水牛にトウモロコシ畑を食べつくされたこともある。野菜のみならず、桑畑も餌食にされる。そう、牛や水牛は、桑の葉も大好物なのだ。「伝統の森」で、蚕を飼い、生糸を生産することは至上課題。桑の木がしっかり育つ環境を作ることも、わたしたちの仕事である。その桑の葉を、侵入した水牛が食べてしまう。しかし、水牛の持ち主は、まったく悪びれる様子もない。「伝統の森」の住人たちも、はじめのころは「水牛がきた」と言うだけで、それ以上のアクションをまったく起そうとしなかった。怒りに燃えてひとりで水牛を追いかけるわたしを何度も目にするうち、さすがに最近は桑畑に近づく水牛の群れを押し返したり、パンツ一枚で沼に入って水牛を引きずり出したりすることにも手馴れてきたが。

乾季の、水牛との攻防戦が顕在化したのは、沼の対岸の第五エリアと呼ぶ地域で、野菜作りに本格的に取り組み始めた二〇〇七年のこと。そのときは、野菜やトウモロコシを食べられてしまい、第五エリアの周囲約七〇〇メートルに柵を巡らせることになった。

翌二〇〇八年は、闇夜の捕り物劇を繰り返した結果、二か月ほどの間に侵入した水牛七頭を捕獲。とぼけて引き取りにきた持ち主には、次に侵入させたら水牛は返さないと警告し、村の駐在さんを証人に、念書まで作成した。また、「伝統の森」の住人のなかに、水牛の持ち主とつながっている者がいることもわかった。闇夜にまぎれ、外に通じる扉を開けていたのである。

二〇〇九年、昨年の念書が効いたのか、乾季に入ってもしばらくの間は、水牛の姿を見ることはなかった。が、ある晩ついに水牛の群れが現れた。警戒警報発令、森の男連中を集めた。九頭の水牛が桑畑に入り込んでいる。暗闇の森のなかを皆が走る。捕まえようとしたが、水牛もすばやい。逃げられてしまった。じつは「伝統の森」にある沼の対岸に、一部だけ隣接地が水辺に接しているところがある。そこが水牛たちの侵入路。陸地の境界には柵があるが、水のなかから侵入してくるため、防ぎようがない。

その翌朝、桑の葉に味を占めたのか、水牛の群れが再び姿を現した。追いまわす男たち、畑のなかを逃げまわる水牛たち。そのうちの一頭がトラックと激突。二〇〇キロ近い巨体が動かなくなった。村の駐在さんが水牛の持ち主を確認し、連絡を取ってくれた。持ち主曰く、逃げてしまい行方がわからなかった、と。そんなはずはないのだが……。倒れた水牛は、その日の夕方、息を引き取った。持ち主は、ここに餌があることをわかって放牧しているのだから、水牛も被害者なのだ。翌日、村のおばあたちと一緒に、亡くなった水牛にお線香をあげた。駐在さんは、郡の警察署長に確認を取ってくれ、先の念書のこともあり、水牛の持ち主に返さなくてもいいと連絡をくれた。

その日はちょうど、カンボジア正月明けの仕事始めの日。皆で水牛を解体し、分けあった。わたしは肉はいらないからその角をと、記念に大きな角のついた水牛の頭骨をもらった。そして、その水牛の頭は、「伝統の森」のゲストハウスの、外からも見える壁に飾ることにした。水牛とその飼い主たちにもわかるように、である。

人を育てる

わたしが「伝統の森」再生計画を実現するための第一歩として、ピアックスナエンの土地を取得したのは二〇〇二年夏のこと。その後、次第にIKTTの活動が国内外で知られるようになると、視察や見学に加えて、さまざまな依頼や相談が持ち込まれるようになった。

あるカンボジアのローカルNGOからは、和紙の製作と販売のプロジェクトを始めたいので、講師を派遣してほしいという依頼がきた。IKTTでは、長野県飯田のNPO「南信州ふるさと緑の基金」の方々の指導により、下伊那地方に伝わる「ひさかた和紙」の紙漉き技術をもとに、「伝統の森」で桑の枝を使った手漉きの紙の製作を行なっている。IKTTのお絵描き組は、その手漉きの紙に絵を描いている。

そのNGOからは、自然染色も始めたい、そして織物の先生も、と「お願い」が次々と届く。うちは人材派遣会社じゃないと言いたい。が、同じような依頼が他の団体からも舞い込んでくる。

あるときは、カンボジアのコットンを調べているというカナダ人のジャーナリストが訪ねてきた。わたしが、「伝統の森」では綿花栽培も三年目に入り、こんな問題があって、というような説明をすると、じつは彼女自身がコットンのプロジェクトを始めたいのだという。そして一緒にやりたいと言い出した。だが、それは何のために。

タケオの村で織物訓練センターを始めたというドイツのNGOの担当者が、養蚕をタケオでやりたいがどうしたらいいかと相談にきたこともある。過去十年間に、タケオの村で始まった養蚕プロジェクトは十指に余ると思うが、そのすべてが地元に根づかずに終わっている。三十年以上前はタケオでも養蚕をやっていたが、今はやっていない。養蚕よりも織物に専念するほうがお金になるからやめたわけで、そこには明確な理由がある。それをあえて再開させるには、より具体的な動機がなければ無理と説明するがわかってもらえない。彼女は養蚕をやりたい。だが、それは村びとたちの動機ではない。

モチベーションのない人たちを、動かすことは簡単ではない。やりたいと思っていない人に何かをさせるには、大変なエネルギー、時間、そしてお金もかかる。ところが、やりたいと思っている人たちとの仕事には、余分なエネルギーは必要ない。そして、やりたいことをするわけだから、いいものができる。多くのNGOの人たちが気づいていないことは、悪く言えば、その団体の人たちがやりたいことを、村びとに押しつけているからだ。だから、それは持続しない。

カンボジア人の資産家が訪ねてきたこともある。彼は「伝統の森」の話を聞き、自分も土地を拓き、人を雇い、同じように村をつくろうと始めた。が、うまくいかない。彼は「カンボジア人のわたしにできなくて、なぜ日本人のお前にできるのか」と質問してきた。

しばらくして、再びやってきた彼は、わたしにこう言った。「ミスターモリモト、あなたの前世はカンボジア人だったに違いない。そうでなければ納得いかない」

また、「伝統の森」を視察にきたカンボジアのある省庁のお役人は、わたしにこう言った。「あなたはどうやって、こんなによく働くカンボジア人をリクルートできたのですか」と。

ＩＫＴＴでは、その仕事をやりたいと思っている人がやるのが基本である。やりたくなければ、やらなくていい。わたしは「伝統の森」の学校に通う子どもたちにも「勉強は好きか？　いやならしなくてもいいぞ」と声をかける。読み書きや計算くらいは、もちろんできたほうがいい。だが、学校で学ぶことがすべてではない。それができなければ生きていけないわけではない。テストで点が取れなくても、織り機に向かうほうが好きな子がいる。絵を描くことにはすぐに飽きるが、牛の世話が得意な子もいる。そうやって、好きなことを、得意なことを、真面目に一生懸命にやる人たちがＩＫＴＴには集まっているように思う。

先の資産家のカンボジア人は、土地を買い、人を雇うだけの資金があれば、森や村はつくれると思っていた。だが村は会社ではない、生活の場である。そこに暮らす人たちの思いはそれぞれ、それをお金で縛ることはできない。逆に、同じような思いを共有できる人たちが集まっていれば、作業は的確かつすみやかに進んでいく。わたしは「伝統の森」で暮らしている人たちの、お父さんやおばあちゃんを知っている。十年前、十五年前に彼ら彼女らの村で出会い、一緒に仕事をしてきた。そのときから二世代、三世代を経ての、互いの信頼関係がある。それは、お金で買えるものではない。

わたしは、「伝統の森」をここまで育てるのに十年かかった。森の自然や木々だけではない。ここに暮らす人たちとも十年を費やしている。しかし、逆に十年かければ、何もなかったところにも村がつくれるのだ。人は宝、それがわたしの基本である。何かやりたいと思っても、それを担える人、できる人がいなければ、何もすることはできない。

人を育てることは、ＩＫＴＴを設立し、布の復元の仕事を始めたときからの課題であった。シェムリアップで工房を開き、若い世代の織り手を育てる、つまりは担い手を育てることに着手した。そしてそれは「伝統の森」でも同じ。森の、畑の、そして村の担い手を育てることである。それらの積み重ねの上に、現在の「伝統の森」はある。人が要《かなめ》なのである。ここで皆がしあわせに暮らせるようになることが、「伝統の森」の大切な目的である。

「伝統の森」学園構想

これまでにＩＫＴＴで働いた人は、延べ一〇〇〇人を超える。その多くは農村部の貧しい村の出身で、学校で学ぶ機会のなかった人たちも多い。自分の名前も書けない人が半数はいる。まったく学校に行ったことのない人が三割、学校に行ったことになっている人が全体の半数、だが卒業までちゃんと続けられた人は、またその半数ほど。中学校まで行った人は一割もいない。それがそのまま、カンボジアの教育現場の現実でもある。

何年か前には、シェムリアップの工房で働く読み書きのできない織り手の卵たちのために、近くの小学校の先生にお願いして、昼休みにクメール語の授業をしてもらっていたこともある。生徒十数人。一年ほどしたある日、先生を横に絵本をたどたどしく読んでいる二十歳すぎの女性を見かけた。ほほえましい風景で、うれしかった。なにより彼女自身がうれしそうに笑っていた。

また、それまで読み書きができないために控えめだった女性は、このクラスを一年半ほど終えて、とりあえずは読み書きができるようになった。その彼女がある日、皆の前でメモを読みながら自信に満ちた表情で説明しているところも目にしている。

＊＊＊

「伝統の森」の入り口のすぐ脇を小川が流れている。シェムリアップ川の支流であり、その水は「伝統の森」の沼にも通じている。この川に沿った道を挟んだ西側に、現在は二教室だけの小さな「伝統の森」

藁葺きの家の軒先で始まった寺子屋教室

学園はある。

この学校の前身となったのは、「伝統の森」の子どもたちに読み書き算数を教えるための寺子屋だった。カンポット州のタコー村からの若い衆が中心となり、開墾に汗を流すところから始まった「伝統の森」。やがて、家族連れの入植者も増え、子どもたちの数も七〜八人ほどになったころ、一軒の藁葺きの家の軒先で授業は始まった。村びとのなかでいちばん高学歴の男性――彼が唯一、小学校を卒業していた――が、先生役を買って出てくれた。日本の戦後の代用教員のようなものである。二〇〇四年には、子どもたちの数も二十人近くになり、屋根の下に机と椅子と黒板を備えただけのあずまやを建てた。

この寺子屋で、読み書き算数を楽しそうに学んでいる子どもたちを見ながら、いずれは正式の小学校にしたいと思うようになった。併せて、わたしが「小さなアートスクール」と呼んでいるIKTTのお絵描き組――物を見る目や、それを表現する技術、そして美意識を磨くこと基本に、毎日絵を描くことを仕事にしている――の発展系としての本格的なアート、芸術を学ぶ環境が作れればという思いもあった。さらには農機具やソーラーパネルなどの、動力や電気系統などのメンテナンスも学べる技術系の学校も併設したい。そんな夢が膨らみ始めていた。

わたしたちIKTTが取り組んでいる「伝統の森」の再生事業。それは、木々を育て、森をつくるだけでなく、自然とともにあった先人たちの知恵を取り戻し、そこから生み出された伝統織物の世界を支えてきた経験や技術を学び直す事業でもある。いわば、IKTTの活動そのものが「生活の学校」であり、一人ひとりの経験値を高めながら、人を育てることが基本である。そんな伝統の知恵を学ぶことを基本にした学校の創設を考え始めていた。その総体が、わたしが「伝統の森」学園と呼ぶものである。

二〇〇六年には、シェムリアップの工房から、織物の主力部隊のほぼ半数が、「伝統の森」へと移転した。それに伴い、新しくタケオ州からの家族での入植者も増えた。また、うれしいことに「伝統の森」で生まれた子どもたちも増えてきた。寺小屋の授業は、近隣の村の子どもたちをも受け入れるようになったことで三十人を越え、小さな教室は手狭になってきた。

同じころ、長野県飯田市のNPO「南信州ふるさと緑の基金」の伊澤宏爾先生から、「伝統の森」に学校を作るための支援をしたいという提案をいただいた。すでに何年にもわたって、スタディツアーを企画して「伝統の森」を訪れ、わたしたちの活動への理解もある。以来、「カンボジアに学校を」の地道な募金活動や、飯田にゆかりのある国際的に活躍されているピアニストによるチャリティーピアノリサイタルも開催されるなど、さまざまな支援活動のおかげで「伝統の森」学園の「飯田小学校」は建設を終えることができた。

この小学校の建設は、敷地の開墾と整地に始まり、レンガを積み、柱を組み、壁を塗り、屋根を葺くなど、校舎の建設作業すべてが「伝統の森」の男衆の手で行なわれた。わたしは「この学校はお父さんが作ったんだ、と子どもたちに自慢できるんだぞ」と、冗談半分、半分本気で彼らを励ましてきた。

その教室では、ボランティアの峯村みゆきさんが、子どもたちに日本語の授業をしている。片言の日本語を覚え、日本から訪ねてこられた方たちに日本語で話しかける子どもたち。いくつかの日本の歌も覚えた。ひらがなをすらすら読めるようになった子もいる。このなかから将来、日本へ留学したいと言い出す子どもたちが出てくれればと期待している。

学校の敷地は、間口が六〇メートルで奥行きが一〇〇メートル。ここは、二〇〇二年に「伝統の森」再生計画を始めたときに取得した土地の一部。だが、道を隔てていたこともあり、これまでほとんど手をつけていなかった。将来的には、事業規模に合わせながら隣接地を取得し、もう少し広げられればと考えている。

この飯田小学校も含めた「伝統の森」学園は、ＩＫＴＴの心と精神をもった私学、民間の教育事業として進めて行きたいと思っている。その熱い思いはあるものの、わたし自身は教育事業の経験者ではない。そのため実務的な学校運営という点では、まだまだ試行錯誤の段階にある。

もちろん、校舎を土地とともに行政に寄付し、公立学校として教育委員会の下で運営されれば「学校」として成立はする。しかし、「伝統の森」学園構想ともいうべき夢を実現したいという想いがその一方にある。この難題をどう解くか。——染織や養蚕の事業のように、「伝統の森」の住人たち自身の手で教育事業が一人歩きできるようになるまでには、まだまだ問題は山積みといえる。

黄色い生糸の不思議

二〇〇八年のある日、旧知の知人に誘われ、一晩だけの滞在でプノンペンまで足を伸ばした。

写真家の彼は、もう七十歳を超えている。大腸癌も経験したが元気である。わたしは、彼に会うたびに、その歳までがんばろうと励まされる。知り合ったのは、八〇年代はじめのバンコク。タイとの国境上の難民となったカンボジアの人たちを、彼は取材していた。わたしは、その難民救援活動を行なう団体にいた。それ以来のつきあいである。プノンペンの、九〇年のころから続くカンボジア飯屋で夕食。話すことは山ほどある。十年近く禁酒をしていたわたしも、ひさしぶりにビールをつきあった。

そして、彼がプノンペンで常宿にするホテルに行き、フロントでそのオーナー（女将）と顔を合わせて、お互いに驚いた。

＊＊＊

一九九六年にIKTTとして活動を始めたころ、伝統織物の復元作業には養蚕を再開したばかりのタコー村で引かれた生糸だけでは足りなかった。オルセイ・マーケットにあった輸入生糸を扱う店に、在来種の黄色い生糸があるのを見つけ、その糸を買うようになった。それがどこから持ち込まれているのだろうかと、不思議に思いながら。

二〇〇〇年にシェムリアップに工房を開いた後も、その糸屋から生糸を買っていた。あるとき、店の

枝葉の間につくられた蚕の繭を収穫する

主がこういった。「シェムリアップに引っ越したのなら、わざわざプノンペンまでこなくても、近いんだからプノムスロックから直接買えばいい。じつは、この生糸はプノムスロックから届くんだ」と。

シェムリアップに戻り、その話をIKTTのスタッフにしたところ、親戚がプノムスロックにいる者がいた。しばらくすると、プノムスロックから生糸を売りたいという村びとがやってきた。たしか二〇〇二年の前半のこと。こうして、プノムスロックの村びととのつきあいが始まった。――プノムスロックとは、これまでにも不思議な縁が重なっている。九五年のユネスコの調査のときは州都シソポンまで行きながら「昨日、プノムスロックに向かう道で、国連機関の車が手榴弾で吹っ飛ばされた」と聞き、調査行を断念している。九七年二月には、UNDP（国連開発計画）からの依頼で、プノムスロックで自然染色のワークショップを行なってもいる。

カンボジアの織物産地のタケオで使われている

シルクのほとんどは、ベトナムからの輸入生糸である。年間五〇〇トン近いその生糸を、ほぼ一手に扱っていたのだから、かなりの蓄えになったはず。そして、かつての糸屋の主は、今ではプノンペンの目抜き通りにあるホテルのオーナーになっていた。

翌朝、オーナーのご主人とも話をひとしきり。そして、ひとつの謎が解けた。彼はポル・ポト時代、プノムスロックで養蚕の仕事にかかわっていたという。それがきっかけで、八〇年代に生糸を扱うようになったのだという。

八〇年代といえば、わたしは、東北タイのスリンのクメール系の村びとたちと、在来種の黄色い生糸で手織りの布を作っていた。そのころ、スリンの町にある生糸を扱う店に、ときどき大量の黄色い生糸が入荷していたのを見かけた。当時のスリンの養蚕農家の生糸生産量はわずかなものだったので、あの大量の生糸はいったいどこから届くのかと不思議であった。そんな謎も、彼との話で解けてきた。八〇年代、カンボジア内戦のさなか、プノムスロックで生産された黄色い生糸は、国境を越えてスリンの町に運ばれ換金されていたのだ。それが、プノムスロックで養蚕が途絶えずに、継続されてきた理由でもあった。

九〇年ごろには、東北タイの村に行商人がベトナム生糸を売りにきていたことがあった。彼は、その元売りもしていたらしい。人が生きることのしたたかさを、垣間見たような気がした。

ポジティブ思考

とても厳しい状況におかれたとき、そこからさらに落ちていくと思うか、どん底にいて後は上がるしかないと思うかで、次のアクションは違ってくる。わたしは、常に「今がどん底、後は上がるしかない」と思うようにしている。そして、立ち止まらない。アクションを起こし、前に進む方法を見つけ出す。

数年前のある日の夕方、アンコールトムの南大門で、前を走っていた車が急停車した。自分も急ブレーキを掛けたが、そのまま転倒。ちょうど雨上がりで、砂地と雨がスリップしやすい状況を作っていた。そのとき乗っていたバイクは、オフロードタイプの少し大きなもので、その重さを支えられなかった。そのときの、バイクが倒れながら肩、そして顔と、地面と順に接していき、最後にメガネが飛んでいくのを、映画のシーンのようにリアルに覚えている。それは、不思議な体験だった。以前なら、そのぐらいのアクシデントは体力でカバーできたはず。歳を重ね、体力と瞬発力が衰えはじめた、その証かとはじめて自覚した。以来、大型バイクの運転での遠出は控えるようになった。

そのときの転倒の記憶が、わたしにはお前はいつ死んでもおかしくない歳なのだからその準備をしておけ、というアンコールの神々の声のように思えた。それを機に、それまでわたしの責任で動かしてきたＩＫＴＴの仕事、たとえば人事や経理などの判断も含め、育ってきたカンボジア人のスタッフに積極的に任せるようになった。ときには丸投げもする。

それから数年、今ではその成果が確実に出てきている。そのひとり、「伝統の森」の村長トウルは、先日も商業省が主催するシルク関係者の集まりに出て一席ぶってきた、とうれしそうに報告してくれた。以前ならば、わたしも同席したが、今ではそんな会議も彼らに任せている。相手が、仮に大臣であろうと遠慮なく自分たちの活動を、自信を持って話せる、そんな彼をそばで見ていてうれしく思う。それも、あのときのバイク事故のおかげかもしれない。

洪水に見舞われた「伝統の森」で、濁流のなかに腰までつかりながらも、濁流がきたおかげで、と考えている自分がいる。起こった状況を受け入れながら、それと同化しながらその先を考える。決して無理に逆らわず、流れに身をおきながら考える、そんな習慣が身についていた。不思議なものである。

数年前、来るべき金融危機や不況に備えて、ＩＫＴＴのスタッフに「来年は売り上げが半分になるから、皆の給料も半分しか払えないよ」と冗談半分、本気半分で話したことがある。そのおかげか、店の売り上げがときに半減してみんなの給料の支払いが遅れても、皆はそれに備え、笑顔でとはいわずともそれぞれが耐えてくれた。

同時に、布の売り上げも落ちるだろうから、布の生産数を上げるよりも、そのエネルギーをクオリティに注ぐようにと説明し、手間のかかる図柄などにも積極的に取り組むようにと、具体的な方法を提起した。それから一年、その成果は確実に現れ始めた。わたしが売りたくないと思うほどに、布好きの人が見たら我慢できずに買ってしまうだろうな、というすばらしい布たちが生まれ始めている。

不況だからと落ち込むのではなく、それを乗り超える方法を模索することも、わたしの仕事である。それは決して平坦な道ではなかった。ときには、ＩＫＴＴ存亡の危機と言えるようなこともあった。しかし、基本はポジティブ思考。状況をプラスに転換する方法を模索してきた。そのおかげで、ここまでたどり着くことができたのだと思う。もちろんそれは、ＩＫＴＴの布を買っていただいている方々、わたしたちの活動を支えてくれる多くの人たちがいることで可能になったのである。

時間をかけて染める

ある日、シェムリアップのショップから電話が入った。

オーストラリア人の知人がショップに訪ねてきてくれていた。電話の向こうで彼女は、時間がないので「伝統の森」にまではいけないのだがと謝りつつ、チエンマイで二十年前に買った木綿の布を持ってきた、それをプレゼントするので受け取ってくれと言う。何だろう？　彼女はカンボジアの伝統織物の研究者、すでに二冊の著書がある。最新の著作では、ＩＫＴＴの絣布（ピダン）も紹介してくれている。大学生になる娘さんは、わたしの著書『Bayon Moon』を読んで、ＩＫＴＴの活動に興味をもち、ファンになったみたいよ、と彼女から聞かされたことがある。

翌日、シェムリアップのショップで、その包みを開けて驚いた。それが何であるか、すぐにわかった。茶色が基調のざっくりとした木綿の布、チエンマイのセンダーばあさんの布がそこにあった。布と一緒に、彼女がセンダーさんを訪ねたときの写真と、メッセージカードが入っていた。そこには、この布は二十年前にチエンマイの工房を訪ねて購入したもの、『Bayon Moon』のなかで「今、その布は手元にないが、わたしの記憶のなかに彼女の仕事がマスターピースとしてある」と書いていた布、これをあなたにプレゼントする、と記されていた。

タイそしてカンボジアと、わたしは二十五年もの間、あちこちの村を訪ね、数多くの織り手たちに出会ってきた。そのなかでもまさに別格の、わたしにとっては木綿の布を染め織るうえで多くのことを学ばせていただいたセンダーバンシットさん。いつも、これは何とかという村から、この茶綿はラオスの村から手に入れたんだよ、と楽しそうに説明されていた。そんな、手紡ぎされた木綿の糸の山のなかでしあわせそうに座っている彼女の姿が、強烈にわたしのなかに今もある。亡くなられたあと人間国宝となられたセンダーさんの織った布は、タイでは国外持ち出し禁止になっていると聞く。そんな、貴重な布が手元に届いた。

何度も染め重ねていくなかで、少しずつ深みを増す色。ときに、半年ほどの時間をかけて染めていく。センダーばあさんから学んだことは、ゆっくりと時間をかけて染めてやることだった。

彼女の工房を訪ねたとき、「これは去年染めたもの、こっちはまだ半年しかたっていないんだ」と言いながら、自然の染料で染められた深みのある色の、いくつもの糸の束をわたしに見せてくれた。「この束は二年目、そろそろいい色になってきたから次はこれで織ろうと思っている」と、うれしそうに話してくれた。そんな時間の流れのなかで、布が織られていく。

わたしも最初は、「二年」も寝かすのかと、聞いただけで驚いた。しかし、わたし自身が木綿も染めるようになり、それがなかなか染まりにくいことに苦労しつつ、その一方で染めて数年、ときに三年、五年と時間を経た糸が、染めたときより深みのある色に変化していることに気づいたとき、センダーさんの言っていたことを、ほんとうに理解した。

より実感するようになったのは、「伝統の森」で藍を染めるようになってからだ。ときには半年ほどの時間のなかで、何度も染め重ねていく。急いで染めた色は急いで落ちる、――それは自然染色の核心といえる。季節の移ろいや月の満ち干き。変化する自然の、その時間の流れのなかで自然の命を色にする。植物から抽出した色を、布に糸においてやる。そして、それが糸になじむのをじっくりと待つ。自然の色が、布や糸にしっかりなじむだけの時間が必要なのである。

染め織りは農業

二〇〇九年十二月、タイ・テキスタイル・ソサエティのメンバー十二名が「伝統の森」にやってきた。「伝統の森」では、昔ながらの材料や手順で布が作られていることを、作業の現場で説明した。すると、彼女たちからは何度か驚きの声が上がった。たとえば、生糸の精練にはバナナの灰を使い、そのために市場からもらってきたバナナの幹を乾燥させて、燃やして灰を作っている、そんな作業を実際に見てのこと。あるいは絣の柄を括る紐に、バナナの繊維を使っているということなどに。それは、今ではタイだけではなくカンボジアの織物産地でも、当たり前のように化学薬品やプラスチックの紐に取って代わられた素材の一つひとつを、昔ながらのやり方で作っていることへの驚きだった。

素材は市場から買ってくればいい、ということではない。どこで誰が作ったかわからないものではなく、その素材から自分たちで作る。最近の言葉でいえば、トレーサビリティの明確なものづくり。それは、最終的にはできあがった布のクオリティとなって表れる。わたしたちがやっているのは、単に昔のやり方がいいという一般論ではなく、そうすることに必然ともいえる意味があってのこと。それは、何百年、何千年と受け継がれてきた人びとの「知恵」なのである。

いい藍色を染めたいと思えば、藍の木を元気に育てるためのいい土がいる。そのために牛を飼い、その糞で堆肥を作る。染色だけではない。生糸を生み出す蚕の食べる桑の葉も同じ。桑の木が元気に育つにも、いい土がいる。それは綿の木も同じこと。つまり、染めや織りの仕事の基本は土にある。いい布を作りたいと思えば、いい土がいる。織りの基本は農業だ、そんな説明をした。タイ・テキスタイル・ソサエティの人たちは、これまでいろんな織りの現場を訪ねたけれど、そんな話を聞いたのははじめてだと、なかば驚きながら、でもその理由に納得してくれた。

布は、森の、そして自然の恵みである。それは、土と水そして太陽という自然の循環と切り離すことはできない。本当の自然のなかから生み出された色や布には、命がある。まとうと温もりがあり、元気が出る。わたしたちの「伝統の森」では、そんな布が作られている。

「ここには森がある」

あるとき「伝統の森」の視察にやってきた政府の環境担当の方が「おお、ここには森がある」と驚いていた。「あるんじゃない、間引きをし、下草を刈りながら育てたんだ」と説明すると、さらに驚かれた。森の木々は、勝手にそこにあるものと勘違いされている。それは違う。何十年、何百年の時間の流れのなかで、ときには人の手が入ることで森は育つ。

二〇〇二年に「伝統の森」の事業を始めたとき、ここはただの荒れ地だった。めぼしい木はすべて伐られ、薪にされ、切り株からのひこばえが茂みを作るだけ。その芽を育て、ようやく小さな森といえるまでになった。

日本でもそうかもしれないが、森や林は、もとからそこにあったもの、と考えている人が多いと思う。だが、そうではない。江戸時代、人里に近い山は薪炭用に伐りつくされ、ほとんど禿山だったという。たとえば、安藤広重の浮世絵「東海道五十三次」の背景に描かれた山は大半が禿山で、そこに描かれている木は痩せた土地に生えるマツばかり。比叡山も禿山で、京の町中からも山頂の延暦寺の伽藍が見えていたことが、複数の屏風絵から検証できるそうだ。

木を伐り、材木にして家を建てる。あるいは薪にして売る。そうやって、わたしたちは木を利用してきた。しかし、それも過ぎたるは及ばざるが如し、である。苗木を、出てきた芽を育てることで、再生可能な森となる。仮に一〇〇年経った木で家を建てるとしよう。その家は一〇〇年以上は持つ。木を伐ったときに新しい苗木を植えておけば、一〇〇年後には育った新しい木が、またそこにある。

十八年前、カンポット州タコー村で養蚕事業を始めたころ。村へ頻繁に通うようになると、近くの山裾の木々が、行くたびに少なくなっていくことに気づいた。

十数年前、シェムリアップの北にあるクバールスピアン遺跡へ至る新しい道路が開通したと聞き、その遺跡を見に出かけたことがある。わたしを案内したドライバー氏は、ブルドーザーが切り開いたばかりの轍が残る道に立ち、数年前まではこのあたりを挟んで政府軍とポル・ポト派の軍隊が激しい戦闘を繰り広げていたのだと説明してくれる。周囲には、長くこの東南アジアの地域に暮らしながらも、見たことのない鬱蒼とした美しい森が続いていた。こんな自然環境に遭遇するには、本来なら深い山のなかへと分け入らなければならない。しかし、たまたま新しくできたばかりの道路が、原生林ともいうような自然林に引き合わせてくれた。この道路は、タイのシリトーン王女が、プノムクーレンに連なる山中にあるクバールスピアンをご覧になられるために急遽整備されたのだという。

プノムクーレンは、カンボジアの人たちにとっての古くからの聖なる山であった。ジャヤヴァルマン二世が九世紀初頭にここで即位して以来、信仰の対象となってきた。と、同時に、二十数年間にわたる内戦下にあって、最後までポル・ポト派が立てこもっていた拠点のひとつでもあった。しかし、この一帯を支配していた部隊も九六年末には投降。内戦も九八年を最後に幕を閉じ、カンボジアは戦場ではなくなった。

道路が整備され、人が入れるようになったことで、樹齢数百年の木が伐られ始めた。残念なことである。そこへはその後も何度か足を運んでいるが、行くたびに林立していた木々は消えていく。

木や森を見ると、お金に見えてしまう人たちがいる。樹齢何百年の木を伐るならば、その代わりに新しい苗木でも植えておけばまだしも、現実は伐るがまま。同じようなことが「伝統の森」でも起きている。森の住人たちのなかに、育ち始めた木を闇にまぎれて伐り、売り払う者がいる。紫檀やチークのような高価な木も育っている。戦乱のなかを生き抜いてきた彼らにわたしが木を伐るなと言ったところで、それは道に落ちているお金を拾うなと言うようなもの。彼らとしても、なかなか理解できるものではない。

だが、もはや戦乱を生き延びるために、その日をしのぐために、目の前の木を伐る時代ではない。木が育った森は、宝の山と同じ。「伝統の森」の子どもたちは、おやつを求めて、コンビニではなく、森に走る。どの時期に、どの木に実がなるのか、よく知っている。実がなる木、そして染めに使える木や薬になる木、そして家を建てる建材となる木などもある。暮らしとともにある「生きた森」、そんな森や木を育てることのできる、次の世代を担う人たちを育てていくことも、わたしの仕事かもしれない。

ラックが舞い降りた森

ラックカイガラムシは、アメリカネムノキ（別名レインツリー）、セイロンオーク、ハナモツヤクノキ、インドナツメなど、さまざまな植物に寄生する。「伝統の森」では、ラックカイガラムシを寄生させる木（ホストツリー）として、成長の早いグアバの苗を育てていた。しかし、その実が食用となるためか、

「伝統の森」の住人たちにラックカイガラムシのための木という認識が薄く、なかなかラックを寄生させるまでに至らなかった。

現在「伝統の森」は約二三ヘクタール。その約半分を開墾し、桑畑や綿花畑、果樹林、野菜畑、そして工芸村と居住エリアに充てている。桑は挿し木で、果樹は種から育ててきた。「伝統の森」の入り口近くに植えたジャックフルーツや工芸村周辺のマンゴーは、今やたくさんの実をつけるまでに育った。残りの半分は、森の再生を促す自然林再生エリアである。切り株から芽吹いた木々も五～六メートルくらいまでに成長し、ようやく小さな森と呼べるようになってきた。

その「伝統の森」に、樹齢七十～八十年ほどのトランの木がある。はじめて目にしたときは、枝もなく、死にかけていると思えた。樹高六メートルほどのところで燃え痕とともにばっさり伐られて枯れたかのようだった。ところが不思議なことに、まわりの木の成長に合わせるように、新しく芽吹き始めた。死に体だった老樹が、息を吹き返したのだ。そして今では、枝を傘のようにまわりに広げるまでに甦った。不思議なものである。

二〇〇二年に、この地で「伝統の森」の再生に取り組み始めたとき、ここは灌木の茂みがいくつかあるだけの荒地だった。そこを切り拓き、井戸を掘り、小さな小屋を建て、畑を作り、少しずつ人の暮らせる環境を整えてきた。開墾のために移り住んでくれたのは、カンポット州のタコー村の若者たちだった。彼らの親の世代は、村でラックを飼育していた経験がある。あるとき彼らから、この「伝統の森」にもラックカイガラムシが寄生できる木が何本かあることを教えられた。伝統的にカンボジアでラックカイガラムシを育ててきた木、トラン、サケエ、そしてコソッコ。その代表格が、枯れたと思っていたトランの老樹だったのである。

＊＊＊

二〇一一年の冬のある日、そのトランの木に、ラックを携えた天使が舞い降りた。じつは織物好きの天使が、染めに使うラックの巣をラオスの村から一握り届けてくださった。収穫されたばかりの、新鮮なラックカイガラムシの巣。偶然のことだが、そこに生きたラックカイガラムシが、わずかながら付着していた。それは、赤い小さな点のような大きさ。知らなければ、それが虫であることさえもわからない。そんな、コンマ五ミリ以下の小さな点が無数に集まったような状態は、そのままラックの名の由来となる、サンスクリット語の「無限」を意味する。

天使が偶然届けてくれたラックカイガラムシを、「伝統の森」のトランの木に移植した。ラックの繁殖期は、毎年十二月から一月ごろ。巣を作るために新しい枝に移動する習性を利用して、ラックの移植を行なう。移植するには少し遅かったが、生きたラックカイガラムシがなければ移植はできない。それが天使の手で届けられた。

内戦のなか、カンボジアの森から姿を消したラックカイガラムシ。それが長いときを経て「伝統の森」に戻ってきた。九五年の調査で出会った、昔からラックカイガラムシを育てていたカンポット州タコー村の村びとの息子たちの世代が「伝統の森」に暮らしている。彼らが「伝統の森」に甦ったラックの命を支えてくれるだろう。ラックカイガラムシの新しい歴史が、再び始まろうとしている。

ラックで染めた鮮やかな赤色は、カンボジアの伝統織物に欠かせない。かつて、その素材は織り手の手の届くところにあり、美しい赤を染めることができた。二〇〇一年に、わたしが「伝統の森」の再生をＩＫＴＴの新たな事業として掲げたとき、その目標を「ラックカイガラムシが生育可能な森ができるまで」とした。その想いが、ようやく実現した。三月の満月の日、この「伝統の森」の新しい門出を祝い、「伝統の森」にラックを迎える儀式を村びとたちとともに、アプサラの踊り子たちを招き、舞を奉納した。祝いの儀である。

そして、その年の暮れのある日のこと。朝の散歩の途中に立ち寄った、枝を大きく広げた老トランの木を見上げると、ラックの巣らしきものが見える。その、発見ともいえる出来事に感激。ラックは、無事に生き延びてくれていた。その巣は、まだごくわずか。この「伝統の森」のラックで鮮やかな赤を染められるようになるには、まだ数年はかかるだろう。だが、願いはかなった。カンボジアの森にラックが甦った。

8
「森」からの発信

リハーサル中の「蚕まつり 2009」のステージより

アンコール・シルクフェア

二〇〇四年一月、第二回アンコール・シルクフェアが開催された。

主催はカンボジアシルクフォーラム、――カンボジア国内で絹織物や養蚕にかかわるNGOや企業、プノンペンで古い織物も扱うアンティークショップのオーナーなど、カンボジアシルクにかかわるさまざまな組織や個人によって設立された団体である。それぞれが目指すところは異なるものの、カンボジアのシルクをプロモーションしていこうという点では一致していた。ラッフルズ・グランドホテルの、シェムリアップ川沿いにあるオープンスペースにテントが並び、それぞれの団体が展示と販売を行なった。ビールや軽食を出すテントも交じり、ちょっとした賑わいである。

わたしたちＩＫＴＴも、この第二回から参加し、シルクの販売に加え、座繰りと括りの道具一式と、織り機を持ち込み、糸引き、括り、織りの作業の実演を行なった。この日は、ＩＫＴＴの重鎮であるおばあたちの晴れ舞台でもある。

会場にやってきたのは、通りがかりの外国人観光客のみならず、プノンペンやカンボジア各地からアンコール見学にやってきたカンボジアの人たちも多かった。デジカメを手にしたプノンペンの大学生が、オムチアが括りをするその横にしゃがみ込んで、その手仕事ぶりをしげしげと観察し、やおら立ち上がり「いやあ、はじめて見たよ」と声を上げていた。

じつは、カンボジアの人たちにとっても、商品としての絹織物を目にすることはあっても、糸の状態のシルクを見ることや、その生糸を括り、染め、手織りする工程を目にすることは、織物の村にでも暮らしていなければかなわない。

アンコール・シルクフェアで括りの実演をするオムチア

＊＊＊

第三回アンコール・シルクフェアは、二〇〇四年十二月の開催となった。今回、メインイベントとしてファッションショーが行なわれる。前回のシルクフェアのミーティングのときにわたしが提案した、カンボジアシルクを使ったファッションショーが実現した。

ファッションショーの実施が決まったとき、わたしはＩＫＴＴらしいステージにしたいと考えた。ファッションショーといえば、普通なら仕立てたものをプロのモデルが着たステージを考えるだろうが、わたしはＩＫＴＴの研修生たち自身にＩＫＴＴの布をまとわせることにした。

ファッションショー開催への伏線は、いくつかあった。

ひとつは単純に、ＩＫＴＴの布のすばらしさを多くの人たちに実感していただく機会がないものかと常に考えていた。本来なら、やはり実際に布に触っていただきたいのだが、そうもいかない。展示会で壁面に吊り下げたり、写真で紹介したりするだけでは、自然染料の深みのある色や絣柄の精緻なところは伝わっても、平面展示の限界がある。カンボジアの絹絣は三枚綜絖の綾織が特徴である。そして、IKTTの場合、その素材となる生糸は、インドシナ原産の生糸を手引きしたもの。その光沢を実感していただくには、身にまとったときの輝きを見てもらうのがベストだと思っていた。実際のところ、身にまとわれたシルクの美しさにかなうものはない。

そしてもうひとつは、IKTTのお絵描き組のメンバーを連れて、アンコールワットに写生にでかけたときのこと。スケッチもひととおり終わり、第二回廊の広間のようなところで休憩していたときに、お絵描き組のヤンが、何かの拍子にその広間のところを、ポーズをつけて歩いたのだ。それに気づいた何人かがはやしたて、彼女はさらに振付けしたようなウォーキングを披露した。長身で姿勢のよいヤンの歩きぶりは、たしかに〝決まって〟いた。それを眺めていたわたしは、いつの日か、ヤンたちをステージに登場させる機会を作りたいと思った。――それを実現する日がやってきた。

わたしは、予定の五分間の枠でのステージングのイメージを固めていった。同時に、ステージに使う音楽を探す。最近はやりのカンボジアのポップスを中心に、CDをいくつも聴いてみる。並行して、ステージに上がるメンバーの一人ひとりのウォーキングを確認する。立ち姿というか、歩き方をチェックしつつ、どの順にどんな衣装でステージに出てもらうかを考えていく。

こうしたことは、じつは苦手ではない。――タイのバンコクで草木染めシルクの店「バイマイ」を開いていたころに、タイシルク協会が開催したファッションショーに「バイマイ」として参加したことがある。さらに遡れば、京都で友禅工房を開いていたころに、わたし自身がアマチュア芝居に参加したこともあるし、自主制作映画を撮ったこともある。そうした経験から、舞台制作というか、ステージの作り方に必要なことが何なのかは、だいたいつかめていた。それよりも、ステージに上がる彼女たちが、どこまでできるのかが楽しみだった。

第4回アンコール・シルクフェアのステージから

ファッションショーの準備を始めて気づいたことは、ステージに立つ彼女たちが、練習を重ねるごとに変化していくことだった。始めのうちは、照れ笑いを浮かべて歩いていた彼女たちが、少しずつ自信を持ってウォーキングするようになった。顔を上げて前を向いて歩くようになる。その顔が、次第に輝いてきた。

「蚕まつり2008」

カンボジアシルクフォーラムによるアンコール・シルクフェアは、二〇〇七年二月の第四回が最後となってしまった。参加している団体の思惑の違いもあり、中心となるコミッティーが空中分解してしまい、取りまとめ役がいなくなってしまったのである。わたしが引き受けようかと思いもしたが、カンボジア人とカンボジア在住のフランス人が中心に動いていたところに、日本人のわたしが出ていくことには躊躇があった。

しかし、ＩＫＴＴとしての、ファッションショーは何らかのかたちで続けたかった。会場設営にはそれなりのコストがかかるが、自前で開催できるなら、それでもいいかと考えるようになっていた。

あるときふと「蚕まつり」のときに、ファッションショーを開催してはどうかと思いついた。「伝統の森」で養蚕を開始した二〇〇三年九月に蚕供養を始めたことは、すでに書いたとおりである。工芸村ができてからは、蚕供養のあとは皆で食事をし、その後はカラオケ大会や青空ディスコで盛り上がるパターンが定着した。これを「蚕まつり」と呼び、在カンボジア日本人の方たちや、日本からの訪問客の方たちにも参加していただくようになっていた。この「蚕まつり」の一部として、ファッションショーを開催すれば、もっと多くの方たちに「伝統の森」に足を運んでいただけるのではないかと考えた。

わたしたちＩＫＴＴは、カンボジアの伝統織物を復興し、その復興に携わる人びとの暮らしを再生し、その織物の素材や道具を供給し、人びとの生活を包み込む「森」を再生する活動を続けてきた。「伝統の森」のファッションショーを見学に訪れた人たちは、これらすべてをとてもわかりやすくかつ美しいかたちでご覧いただけると思う。

＊＊＊

二〇〇八年三月に、その年の九月に開催する「蚕まつり」の前夜祭としてファッションショーを開催することを決めた。九月十五日の午前中に蚕まつり（蚕供養）を、その前日の十四日の夕方からファッションショーを行なうとメイルニュース「メコンにまかせ」で告知すると、さっそく日本から参加申し込みのメールをいただいた。また、大学生協向けに「伝統の森」滞在を組み込んだスタディツアーを企

ファッションショーのひとコマ（DVD「蚕まつり2008」より）

画催行する日本エコプランニングサービスの田中正純さんは、「蚕まつり」開催に合わせた日程でのツアーを新たに企画された。福岡在住のビデオジャーナリストの寺嶋修二さんはビデオ撮影をかって出てくれた（その結果は、IKTT制作のDVDとして記録に残すことができた）。

最終的には、日本から三十人以上の参加申し込みがあり、また、プノンペンとシェムリアップからは、JNNC（日本人NGOワーカーズネットワークカンボジア）のメンバーが、この日に合わせてシェムリアップでのミーティングを設定し、「伝統の森」訪問とファッションショー参加を組み込んでくれた。

ファッションショーの出場者たちは、わたしに「本当に、日本から見に来てくれる人がいるのか？」と何度も聞いてくる。そのことが、彼女たちの励みとなり始めていた。これは、まさに「まつり」である。「伝統の森」に、年に一度のハレの日が訪れる。そんなことが、日々の仕事のなかで活かされていく。そんな気がする。

ピーポア

クメール語で、催事のことを「ピーポア」という。ＩＫＴＴのスタッフの間では、いつのまにか「ピーポア」といえば、ファッションショーや、展示と実演を行なうイベントのことを指すようになった。先に、練習を重ねるうちにステージに立つ女性たちの顔が輝いてきたと記したが、そういった変化は、キャットウォークをする彼女たちだけではなかった。ピーポアにかかわるスタッフの多くにとっても、いい結果が出始めていた。

たとえば、シルクフェアなどで展示（実演）と販売を行なうには、主催者との連絡調整、会場の整備、必要な機材の準備と運搬、そのための車の手配、会場で実演や販売を担当する者の選出、そうしたことへの支払い（とそのための資金の手当）など、さまざまな仕事が発生する。ファッションショーであれば、さらに、事前の衣装合わせや選曲などのステージングの準備、メイク、ＰＡや照明を含む舞台の設営など、決めるべきこと、準備するものなど多岐にわたる。

展示実演を行なうシルクフェアの準備のみならず、ファッションショーでも、回を重ねるごとにスタッフたちが状況を理解し始め、自分たちで準備を行なうようになっていった。

経理のリナは全体のバジェット管理を、ゼネラルマネージャーのバンナランは主催者との調整を、プロパティのサラウィとマラーは、出演者全員の衣装の管理だけでなく、着付も行なうようになった。サラウィは、アプサラダンスシアターで裏方をやっていた経験もあり、ステージマネジャーを務めるのみならず、リハーサルのときのウォーキング指導など、こまごまとしたところでも動いてくれている。お絵描き組のヤンは選曲を手伝ってくれ、わたしが絞り込んだ候補曲のリストを作ってＣＤを整理し、ステージングを組み立てる際の準備もしてくれるようになった。ファッションショーというイベント（＝ピーポア）が、それぞれのスタッフの積極性をも引き出していったのである。

＊＊＊

二〇〇九年は、地元の郡長と警察署長へも招待状を送り、ご参加いただいた。二〇一〇年の「蚕まつり」では、共同呼びかけ人として、カンボジア人のチア・ノルさんに参加してもらい、ファッションショーのステージでのクメール語での進行役もお願いした。

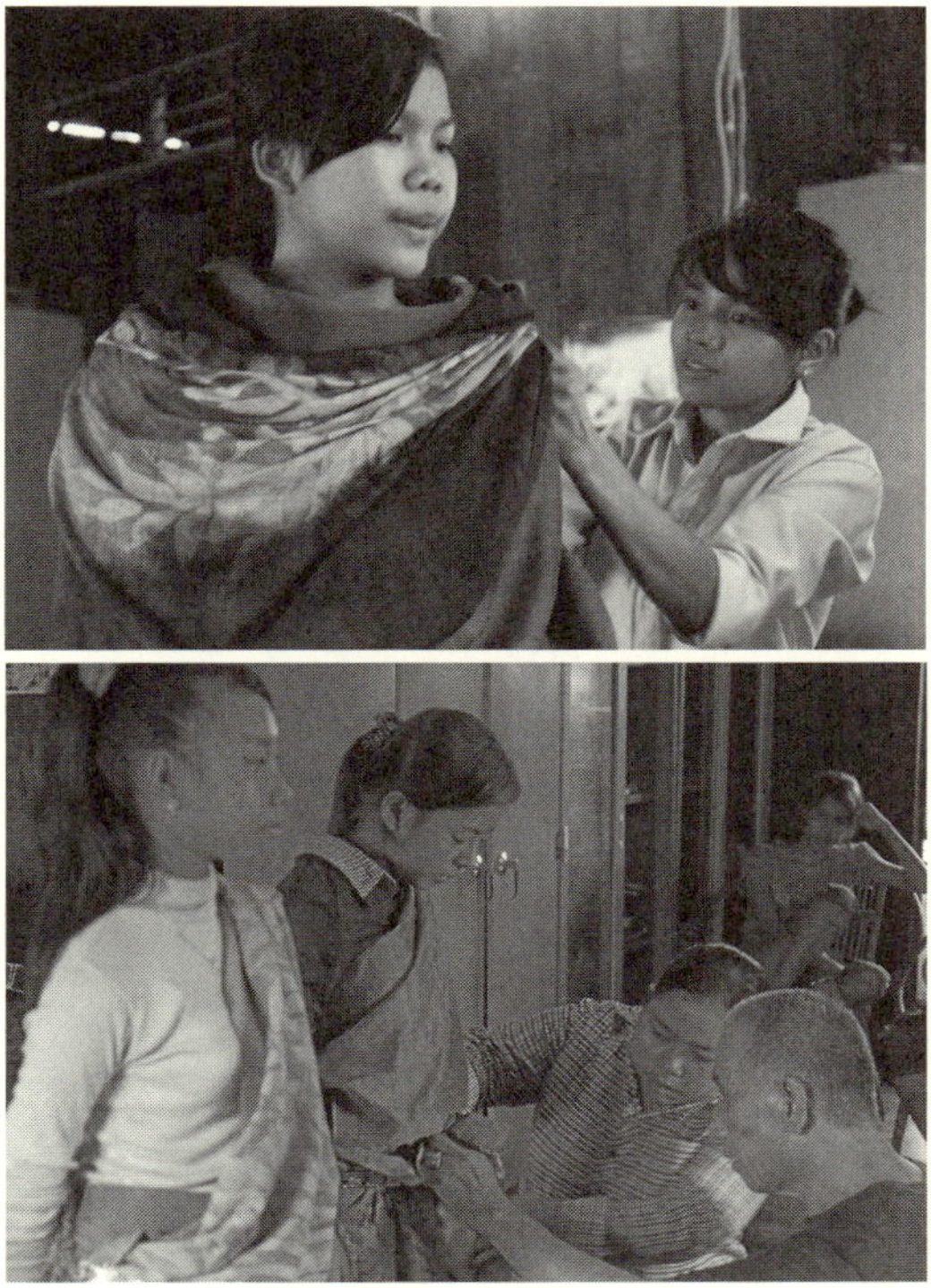

上：衣装の着付をするマラー
下：サラウィも着付を手伝ってくれる

会場には、ＩＫＴＴのスタッフや家族たちのほかに、周辺の村からやってきた人たちもいる。地元カンボジアの新聞社やＴＶクルーも取材に入るようになっていた。そういう人たちに向けて、なぜ日本人のモリモトが「蚕まつり」をやっているのか、そもそもシェムリアップから一時間近くも離れた観光地でもないピアックスナエンでモリモトは何をやっているのか、いったいあの日本人はなぜここに村をつくろうとしているのか、ということを、きちんと伝えるべきだと考えた。そして、チアさんはわたしの意図を汲んでその役を引き受けてくれた。

この「蚕まつり」が、ここピアックスナエンの新しいまつりになればいいと思う。まつりというのは、そもそもそこに暮らす人たちが皆で力を合わせ、作り上げるもののはず。大人も子どももそれを楽しみにする、ハレの場であるはず。

クメールシルクを生み出す蚕の命と、それを育んでくれたアンコールの神々と豊かな自然に感謝する新たな「まつり」として、このピアックスナエンの地に定着していければいいと思っている。

小冊子『森の知恵』

二〇一一年五月、クメール語で『森の知恵』というタイトルの小冊子がようやくできあがった。出版を思い立ってから、二年近い月日を経てのことである。

ことの発端は、IKTTの一員として、サカーというスタッフが働き始めたことによる。プノンペン時代の知人の従兄弟で、大学に通いつつ働くところを探しているというので受け入れた。英語を使えるようになりたいというので、英語の辞書を買い与え、ショップの英語での応対を手伝ってもらうようにした。

IKTTの訪問客は、リピーターが多い。はじめての方でも、IKTTの活動について予備知識を持っていらっしゃる場合もある。それゆえ、染織について、あるいはIKTTの活動内容について具体的な質問が飛び出すこともしばしば。そんな質問を受けることで、彼自身がＩＫＴＴの活動や仕事に興味を持ち始めた。そこで、まずはＩＫＴＴのウェブサイトの英語版を読んでみるように勧めた（そこにある記事は、わたしが日本語でメイルニュース用に綴ったものを、松岡卓郎さんがボランティアで英語に翻訳したものがほとんどである）。すると、彼はいろいろなことをわたしに質問するようになった。

あるとき、カンボジアの王族の方が「伝統の森」にお越しになった。そして後日、英語で書かれた感謝状が届いた。それをＩＫＴＴの皆にも読んでほしいと思い、サカーにクメール語に翻訳できるかとたずねると、大丈夫だという。英文の手紙を横に置き、あっという間にクメール語の文章をパソコンに打ち込んでいく。それを見て、ウェブサイトの英文をクメール語に翻訳してみるようリクエストした。

彼が訳した原稿は、プリントアウトされてＩＫＴＴのスタッフの間で回し読みされるようになった。すると、いろいろな反応が表れた。ＩＫＴＴには「お絵描き組」というグループがある。毎日好きな絵を描きながら、給料をもらっている。彼女たちは、なぜわたしが「お絵描き組」を始めたのかを知らないでいた。その彼女たちが、わたしの思いをクメール語で読み、納得してくれた。また、クメールシルクの話を読み、はじめて黄色いクメールシルクと白いシルクの違いがあることを知ったスタッフもいる。

桑の木を植え、蚕を育て、自然の染料を使って布を作る日々のことや、伝統や自然について、これまでわたしは日本語でメイルニュースなどに書いてきた。しかし、わたしのクメール語の至らなさもあり、周りにいるカンボジア人のスタッフたちに、そんな仕事への気持ちを伝えられず、もどかしい思いもしてきた。仕事の指示は出すものの、なぜそうしなければならないのかまでは説明しないこともあった。そうした情報のギャップを彼の翻訳が補ってくれるのではと思った。

回し読みのプリントは、彼の大学の仲間の間にも広まっていた。現在のカンボジアの出版事情はまだまだ貧しく、大学生が読むようなクメール語の本や雑誌は少ない。クメールシルクの価値や、伝統文化の重要性、そして自然を保全し再生することの意味を説くような書物もなかったはず。それならば、そのクメール語の原稿をまとめて小冊子にし、多くのカンボジアの若い人たちに読んでもらおう、と思いついた。

また、ＩＫＴＴの活動が、カンボジア国内で知られるにつれ、カンボジア人の訪問者が増えていた。政府関係者、農業や染織にかかわるローカルＮＧＯ、大学生など、さまざまな人たちがやってくる。しかし、商業省や農業省のスタッフであっても、カンボウジュ種の黄色い生糸と、白い輸入生糸があることすらわかっていない。ＧＡＰの縫製工場のようなところを思い浮かべていたのだろう、「伝統の森」の工房にやってきて、電動の織り機が一台も見当たらないことに啞然としている役人もいた。そういう人たち一人ひとりに、説明するだけの時間はない。だが、ＩＫＴＴの活動の本質的なところ、そしてクメールシルクの価値や自然を再生することの意味についてては、ひとりでも多くの人に理解してほしかった。このクメール語のテキストをまとめれば、そうしたときにも役に立つのではないかと考えた。

翻訳する原稿をリストアップし、印刷コストの見積もりを旧知のジャパン・プリンティング・ハウスに依頼しつつ、準備を進めた。カンボジアの若い人たちに広く読んでもらいたいという趣旨からして、無償配布としたかった。だが、ＩＫＴＴにはそんな資金的余裕はない。そこで印刷費は、メイルニュースを通じて、日本の方々に協力を呼びかけた。

はじめは、翻訳原稿をまとめて印刷すればいいので、すぐにも完成すると安易に考えていた。が、日本への留学経験もあり、翻訳などもてがけるメン・アンさんが「伝統の森」にいらしたときにその原稿を見せたところ、一晩かけて目を通したうえで「このままでは誤解を招くかもしれないので、出版することは薦められない」と言う。その上で、元になった日本語から読みたいので、原稿を預からせてほしいと協力を申し出ていただいた。そして、メン・アンさんの手によって格調高いクメール語と言えるだけのものに磨き上げられ、ようやく『森の知恵』の翻訳が完了した。印刷費については、一〇〇件以上の個人ならびに団体からの支援のお申し出をいただき、二〇〇〇部を印刷する見通しが立った。

完成した小冊子『森の知恵』は、JNNC（日本人NGOワーカーズネットワークカンボジア）を通じて、カンボジア人スタッフへの配布と、プノンペンとシェムリアップの大学生、ならびに日本語を学んでいる人たちに配布した。もちろん、IKTTのスタッフへも。

王室からの感謝状

できあがったばかりの『森の知恵』は、プノンペンで関係する方々にお届けするとともに、王宮に近い方にもお渡しすることができた。

それからしばらくしたある日のこと、わたしのところに一通の電子メールが届いた。差出人は、King father とある。それは王室からのメールで、ノロドム・シハヌーク元国王とノロドム・モニニエット・シハヌーク王母からの連名での賛辞が添付されていた（書状も、まもなく届いた）。たいへんな光栄、かつうれしいこと。そのニュースをIKTTの皆に伝えると、驚くとともにうれしさを共有してくれた。

二〇一一年九月の「蚕まつり」を前に、わたしは「蚕まつり」への招待状を王宮へと届けた。わたしにとって、これは先の『森の知恵』に対する感謝状への、王室へのお礼のつもりだった。二〇〇七年五月にプノンペンの王宮でノロドム・シハモニ国王への接見の栄誉を賜わったとき、シハモニ国王はわたしたちＩＫＴＴの絣布を見てたいへんお喜びになられた。そして、ＩＫＴＴの仕事を評価されるのみならず、思いがけないことに「伝統の森」を訪れてみたいとのお言葉もいただいた。しかし、ご多忙な立場ゆえ、それはなかなか実現できることではなかった。

今回の「蚕まつり」では、ここ数年のなかで増えてきているカンボジアの人たちへの「伝統の森」ならびにＩＫＴＴの認知を確実なものにしたかった。いくつかの国内メディアからは、取材申し込みがあった。この機会に、できるものなら『森の知恵』のなかに込めた思いも、ひろく伝えたいと思っていた。

そうしたなか、吉報が届いた。「蚕まつり」への出席に関して、モニニエット王母から自分の代理としてプリンセス・シソワット・プンナリーを遣わすという連絡が入ったのだ。王室からの来賓を迎えることになり、「伝統の森」の現場はわきたった。ステージの設営はどうするのか、貴賓席をどうするのか、ファッションショーの準備に、うれしい心配が加わった。

豪雨のなかのファッションショー

ついに前夜祭当日を迎えた。が、二日ほど前から断続的に降り続く豪雨で、「伝統の森」のすぐ横を流れる川の水位が上がっている。シェムリアップから「伝統の森」に至る赤土の道には、車がスタックするポイントがいくつもできていた。昨日、「伝統の森」に到着したマイクロバスも、途中で大型トラックに牽引してもらってようやく通過できたという。この雨と悪路のなか、プリンセスはここまでやってきていただけるのかと心配になった。「伝統の森」のなかでも土地の低いところでは、林や道が冠水し始めていた。

昼過ぎ、シェムリアップで待機していた王室関係者と電話で話し合った結果、今回の状況を鑑みてプリンセスには出席を見合わせていただく判断をした。

しかし、モニニエット王母からの預り物があり、プリンセスもぜひともわたしに会いたいとのことで、IKTTのゼネラルマネージャーのバンナランとともに、急遽シェムリアップまで出向くことになった。今回クメール語での通訳と司会進行を務めていただくメン・アンさんにも同行をお願いする。帰り道の状況次第では、前夜祭の開始時間を遅らせることも頭に入れつつ「伝統の森」を出発し、シェムリアップに向かった。

＊＊＊

短い時間ではあったが、プリンセスにお会いできてよかったと思う。ホテルの部屋に通され、ご挨拶申し上げると、まずプリンセスは、シハヌーク元国王の代理人として、感謝状を代読された。続いて「蚕まつり」へのドネーションをお渡しになった。そして、この機会を記念して乾杯をするところだが、ワインの用意がないので、グラスの水で、とご自身で乾杯をリードされた。準備されていた会見ではないとはいえ、たいへん好意的な対応をしていただいているという印象であった。

びっくりするような話もうかがった。――王宮では、しばしばわたしたちIKTTのことが話題に上るのだそうだ。シハモニ国王と、そのご両親であるシハヌーク元国王とモニニエット王母が、わたしたちIKTTが復興したクメールシルクを気にかけていただいているのかと畏れ入った。そして、「伝統

豪雨というアクシデントにもかかわらずショーは成功だった

の森」のファッションショーを楽しみにしていらっしゃったことも。プリンセスからは、天候が不順な季節ではなく、乾季にファッションショーを開催すれば、皆が楽しめるのでは、とのご提案もいただいた。

わたしにとって九月は、カンボウジュ種の蚕との縁があった。そもそも蚕供養を思い立ったのは、「伝統の森」ではじめて生糸の生産ができた二〇〇三年八月の終わりのこと。そのとき「蚕まつり」を次の満月の日に開催しよう、と決めたのが発端であった。そして思い起こせば、わたしがカンポットのタコー村へ蚕の繭を届け、伝統的養蚕が再開されたのも一九九五年九月のことだった。だが、プリンセスの提案はもっともなこと。次の「蚕まつり」は乾季に行なうつもりである。

短いながら充実した時間を過ごし、わたしたちが「伝統の森」に帰還できたのは午後三時を回ったころである。当初のタイムテーブルからは、やや遅れての前夜祭の幕開けとなった。まずは来賓を代表して、アンコールトム郡の郡長の挨拶から。司会進行は、メン・アンさんと、ＩＫＴＴスタッフのチアターが務めている。わたしのスピーチを終え、オープニングのアプサラダンスがスタート。

そして、いよいよファッションショーの始まりである。大雨のせいで、本番直前にステージへのアクセスなどに修正もあったが、皆なんとかフォローしてくれている。客席も、テントの端に近いところではびしょ濡れになっている方がいる。それでも最後まで、つつがなくステージを終えることができた。ステージに上がったメンバー、裏方を務めてくれたスタッフ、そして豪雨のなか出席していただいた皆様に感謝、である。

濁流のなかからの再生

「蚕まつり」第一部のファッションショーは終えることができたが、雨はまだ降り続いていた。

休憩の食事の間に、第二部の中止を決めた。この状況で、夕食を食べに家に帰った子どもたちを呼び戻すのは難しい。シェムリアップで活動するバンドＭＩＬＯのメンバーからは、ようやく「伝統の森」の入り口まで到着したと連絡が入ったが、演奏を終えた後、夜中に豪雨で路面が不安定な道をシェムリアップまで戻るリスクを考えると、申し訳ないがこのまま戻っていただくほうがいいと判断した。

その晩も、かなりの雨が降り続いた。ゲストハウスが浸水するほどの大事には至らなかったが、森の入り口から工芸村までの間には、ボートや筏を使って渡らなければならないところができていた。日本からのツアーで「蚕まつり」に参加した方々は、予定時間を大幅に遅れて「伝統の森」をあとにした。

今回の「蚕まつり」に合わせて取材を組み、翌日も「伝統の森」に残って撮影を続けていた国営カン

ゲストハウスの壁に残された濁流の跡

ボジアテレビのクルーが「伝統の森」をあとにしたのは、九月十二日の昼過ぎのこと。最後の、その車を見送った直後、わたしは強烈なめまいとともにその場に倒れ込んでしまった。

ふと、意識のどこかで、このまま死ぬのだろうな、という思いが浮かんだ。しかし、その一方で、このまま死ぬわけにはいかない、まだやり残したことがたくさんある、という強い欲のような思いも浮かんだ。

今となっては冗談半分でいえる話だが、三途の川まで行って引き返してきたようだ。——シェムリアップの病院に担ぎ込まれ二日間の入院。そして一週間の静養を経て、ようやく復活。

その後一か月ほどの間に、「伝統の森」は三度の洪水に見舞われた。なかでも、九月二十二日の夜には、わずかの時間のうちにみるみる水位が上がり、その後の数日間、水深一メートルを超える濁流のなかに「伝統の森」は置かれた。「伝統の森」の住人たちは、森の入り口付近の少し高くなったところと、工芸村にある三つの建物の二階に避難したため、人命は守られた。が、家屋の一部や家財道具が流された家もある。工芸村では、高床式家屋の階下にあった織り機やテーブルなどが流された。「伝統の森」のゲストハウスの白い壁には、そのときの水位を示す跡が残っていた。

＊＊＊

この二〇一一年秋の豪雨は、カンボジア各地に大洪水を引き起こした。日本での報道は、タイのチャオプラヤー流域の日系企業が集中する工業団地とバンコク市内の被害についてがほとんどだったようだが、カンボジアでも各地で集落が孤立し、ライフラインが途絶えるなどの被害が起きていた。

水が引いてわかったことだが、「伝統の森」の木々が、激しい濁流を押し留め、村を守ってくれていた。森の所々には、木々に遮られるように水草や枯れ枝が絡みつき、小さな壁のようなものができていた。それは、そのまま濁流の激しさを物語る。作業場の片隅に積み上げてあった染め材に使うライチの木を切り出した大きな木片や、糸車などの道具類の一部も、そうした木々の根元から回収することができた。流されたと思っていた織り機やテーブルは、立ち木が抱き抱えるかのように流失を防いでくれた。これまで十年をかけて育ててきた森の木々が、わたしたちを守ってくれていたと知ったとき、わたしは感激した。

そんな「伝統の森」の復興は、流されたものの片づけから始まった。部屋の掃除、家具の丸洗い、土砂を被ったジェネレーターのメンテナンス、家屋の修復、削られた道路の補修など、人びとの暮らしに直結した作業が山積みである。濁流の通り道となった藍畑は全滅、すべて押し流されてしまった。整地からの再出発である。藍畑担当のじっちゃんは、すぐに新しい苗木の準備に取りかかった。一方、桑畑は、桑の葉は引きちぎられていたが根こそぎ持って行かれたわけではなく、すぐに芽吹きが始まった。鶏飼っていた牛たちは、人と一緒に高台に避難して無事だった。アヒルは、すべて流されてしまった。鶏は、自力で木の上に逃げていたので、ほとんどが無事だった。

もともと、何もない荒地の開墾から始めた事業である。だが今は、何もないわけではない。これまでの間に、さまざまな経験を積み、たくさんの若者たちが育っている。すべては人が基本である。そして、土地も家もある。わたしは、ゼロからの再出発ではないと、自分に言い聞かせるように「伝統の森」の皆に声をかけた。この洪水を機に、新たな展開へと踏み出していきたい。

プレアコーの奉納

プレアコーという聖なる牛の神様を「伝統の森」に奉納すべしという思いを抱いたのは、七年くらい前のことだったか。そのことを気に留めつつも、なかなか実行に移せずにいた。二〇一三年、ラックカイガラムシがわたしたちの森に戻ってきてくれたことを記念し、「伝統の森」の事業に着手してから十年目の節目として、ついにプレアコーをお迎えすることを決めた。

カンボジアには古くから、牛の神様に対する信仰があったようだ。昔話というか、伝承として人びとのなかに伝えられている。それは農業を基本とする人たちの豊かさと自然と牛への感謝の気持ちともいえる。牛の神様は、日本でも多くの神社で見かける。たとえば、京都でいえば北野の天神さん。境内には、たくさんの牛の神様が奉納されている。それを子どもの頃から見てきたせいか、わたしには違和感がない。

木々の間からプレアコーに朝日が差し込む

カンボジアでは、旧都ウドンの古い寺院に牛の神様が安置されている。それ以外にも、プノンペンの国立博物館には、一メートルほどの青銅製のものが残されている。

　不思議な縁で、六〇センチほどの古い木製の、黒く漆が塗られたプレアコーがわたしの家にある。それを参考に、併せてウドンの寺院の黒光りした石のプレアコーの写真も見てもらい、シェムリアップの石工に仕事を頼んだ。石はバンティアイスレイ寺院と同じく、赤い砂岩にした。それがようやく完成した。大きさは一メートル二〇センチほど。クメールの牛の神様の特徴は、頭を少しもたげているところなのだが、石工的には作りづらかったようだ。奉納する場所は、「伝統の森」に接する沼が工芸村を取り囲む林のなかに決めた。水面を隔てて、朝日が昇ってくるのが望める場所である。

　二〇一三年十二月、あたりを整地して、プレアコーを設置した。周囲に結界を結び、奉納の儀を執り行なった。二〇一四年の元旦には、中国系カナダ人の舞踏家ピーター・チン氏がプレアコーの前で舞を奉納してくれた。

＊＊＊

二〇一四年三月の「蚕まつり」には、シソワット・チーヴァン・モニラク殿下とシソワット・カンティレット妃殿下ご夫妻とそのお嬢様、そしてシェムリアップ州知事の参列を賜った。ファッションショーのエンディングでは、殿下ご夫妻はステージ前にまでお越しいただき、皆にねぎらいの言葉をかけられた。そして、わたしは「これはお前にしかできないことだ。長生きしてくれ」との励ましのお言葉をじかに賜った。ありがたいことである。

さらにご夫妻は、翌朝の蚕供養の儀の後に、プレアコーの前にまで足を運ばれ、「伝統の森」の守り神に手を合わせられた。末永く、この「伝統の森」が平和かつ繁栄していくことを願いたい。

9
次なるステージへ

ともに進む、「伝統の森」のすべての者たちと

スーパーナチュラル

自然の色は、生きている。——一〇〇年前に染められた布が、一〇〇年経ってはじめて見せる色がある。その色を今、染め出すことはできない。それには、一〇〇年という時間が必要なのである。十年前、二十年前に自分で染めた布を前にして、わたしは、時間とともに生み出される色、命ある色を確信する。

時間とともに美しく変化する色のなかで、とくにラックカイガラムシの巣で染めた赤や紫は、その極みにある。そのラック染めには、染めるときに助剤のように使うタマリンドが重要な役割を担っている。これは、昔の染め人たちが長い年月の間に培ってきた「秘伝」のようなもの。ラック染めにタマリンドを使っても使わなくても、とりあえずは同じように染め上がる。二年や三年経ってもその差はわからない。だが、十年後の色はあきらかに違う。ラックの赤の鮮やかさに違いが出る。自然染料を使った染色には、そんな秘伝のような話がついてまわる。

たとえば、カリン（花梨）。この木の表皮で茶色が染まる。が、赤味がかった藤色に染めることもできる。そのためには表皮を剥いですぐに、おそらく三十分以内に染めなければならない。昔の織り手たちは、カリンの木が自生する森に入って染めていた。いや、森のなかでしか染められなかった、というのが事実に近いはず。

そして、スオウ（蘇芳）。「蘇芳」の色名は日本の伝統色のひとつ。しかし、スオウの木そのものは、日本に自生していない。インド南部やマレー半島が原産とされるマメ科の植物で、その心材を染め材とする。正倉院の御物にも見られるが、おそらくは舶来の薬として珍重されていた。タイの伝統医療の書物には、村びとがお腹を下したときに僧侶が煎じて飲ませたという記述がある。朱印船時代には、東南アジアから日本への交易船の積み荷の半分が蘇木（＝スオウ）だったという記録もある。この蘇芳染めに関して、日本の草木染めのテキストには、総じて「日光退色しやすく堅牢度が低い」と書かれているはず。だが、かつては日光退色せずに染められる秘伝があった。しかし、今やそんな知恵も失われつつある。

＊＊＊

人びとは、自然染料を何千年と使い続けてきた。その過程で、さまざまな知恵や経験が凝縮された。そんな先人たちの、自然とのつきあいのなかで培われてきた自然染料の世界。わたしはそれを、あえてスーパーナチュラルと呼ぶ。「自然」「天然」ばやりの昨今、なんでもかんでも「ナチュラル」と呼んでしまう現在、そんなトレンドとは一線を画する意味で、スーパーナチュラルと呼んで区別したい。

季節によって、その土地の土によって、水によって、染め出される色は変化する。そんな移ろいやすい「自然の恵み」を、色というかたちで布に定着させることこそが、自然染色の世界なのである。

たとえば、サクラの花が咲く前の梢からは、きれいなピンクの色が染められるという。だが、その色は花が咲く直前の梢で染めたときだけで、花が咲き終えた枝ではできないと聞く。――わたしはタイで草木染めの調査をしていたときに、同じような経験をしている。カエンジュ（火炎樹）の梢できれいなピンクが染められたのだが、その色は、花が咲く直前の梢でしか出せなかった。もう一度その色で染めたいと思っても、一年待たなくてはならない。年に一度きりの色。かりにわたしが死ぬまで四十年染めたとして、四十回しかその色を染める機会はない。自然を色にするということは、そんな自然と向かい合うこと。

IKTTで織り上げられた布に、素描きで蠟を引いていく

タイそしてカンボジアで、三十年近く自然染色に取り組んできた結果、わたしにはいい色を染めるためにはいい土が必要だという世界が見えてきた。そして、いい色を染めるためには、染め色が糸や布とゆっくりなじむだけの時間が必要だということも。

化学染料を混ぜていても、植物染料も使っているからと、平気でナチュラルダイ、草木染めと呼ぶ人たちがいる。そして「色落ちがするのも草木染めの特徴です」なんて平気で言ってしまう人たちもいる。そんなことはない。現代の、安易な染色による布作りの姿勢を誤魔化すために「自然染料は色落ちしやすい」と言いつくろってきただけのこと。七世紀、正倉院の布は今も美しく輝いている。そして三世紀、エジプトのコプト織の布は今も美しい。急いで染めた色は急いで落ちる、それだけのことなのである。

化学染料の歴史はわずかまだ一五〇年ほど、しかし自然染料の歴史は数百年数千年。長い間に蓄積された伝統の知恵を甦らせ、そこに新しい風を吹き込みたい。それは、未来の染色技術として、スーパーナチュラルと呼べる自然の深みとかかわる染色の世界として、何千年の伝統を受け継ぎながらさらに発展していくものだと考えている。

新しい時代の予感

何年か前のこと、フランスのエルメスが自然染色の特許をとったらしいと耳にした。それは、とても衝撃的。世界を代表する数多くのファッションブランドがあるなかで、かねがねエルメスは別格のように思ってきた。そのエルメスが、である。とはいえ、何百年、何千年の伝統を持つ自然染色の世界で、いまさら特許とは、といささか不思議な気もしたのだが。

一五〇年ほど前に発明された化学染料による染色が世界を席巻し、その結果、何千年の伝統の知恵は、いとも簡単に人びとの記憶から消滅してしまった。効率化を優先する現代にあって、化学染料は自然染料と比較して、手っ取り早く染めることができる魔法の粉。しかし、石油などから合成される化学染料や、クロムやカドミウムなどの重金属イオンを含む媒染剤、そして人体に害を及ばす可能性のある蛍光染料など、人間にも自然にも害をもたらすものが少なくない。

具体的な特許の内容まではわからないが、生産性を考慮したスクリーン捺染とも呼ばれるプリント染色技術にかかわるものではないかと推測する。日本では、江戸小紋などに代表される型染めといわれるものと共通するもので、技術そのものは古くからあった。同様の、自然の染料を使ったプリント技術は、インドやインドネシアでの版木を用いたブロックプリントによる染色技法に通じる。しかし、その多くは化学染料に取って代わられ、伝統的な自然の染料による型染めの技術は失われつつある。エルメスの特許は、その現代における華やかなプリント技術への再生ではないだろうか。

わたしのなかでのエルメスのイメージは、近世の西洋絵画の伝統を今に受け継ぐもの、とでもいうのだろうか。とても斬新だが、その根底には中世から近代にかけての西洋絵画に表された美意識が生きている。それはちょうど日本のすばらしいキモノの世界に、江戸期に全盛を迎えた応挙の丸山派や琳派と呼ばれる人たちの、絵画の伝統とその美意識が生きているのに似ている。

わたしはかねがね、新しい染織ルネッサンスの到来を希求してきた。エルメスが提示する最新ファッションのなかに、自然の染料によるプリントが実現すれば、それは本当に新しい時代の幕開けとなる。そして、他のメーカーもその開発に力を注ぐであろうし、数年後にはファッションのトレンドとして定着するように思える。これまで自然の染色は、限られた商品世界のなかにあった。それが、これから大きく変化する。何年か先には、皆が普通に着ているもののなかに、自然の染料によって染められたものが登場するに違いない。

自然染料による染色が、過去の技術であると捉えられてきたものが、ここで大きく様変わりする。そんな予感がある。

手引きの生糸の復活

これまで日本各地で、カンボジアの伝統織物の再生と伝統的養蚕の再開について、そしてＩＫＴＴの活動について、報告会と即売会のようなことをさせていただいてきた。会場は、会議室のことも、喫茶店だったことも、お寺のことも、コミュニティセンターのこともある。どこへ行っても「わたしの家でも、子どものころは蚕を飼っていた」と懐かしそうに話される方がいらっしゃる。その一方で、首都圏近郊では、養蚕農家への助成廃止を受けて、わずかながら残っていた養蚕農家が廃業を決めたなどというニュースも耳にする。

生糸は、明治期の日本の主要な輸出品であった。国を挙げての取り組みゆえ、資本が投下され、品種改良も機械化も進んだ。だが、日本のシルク産業は、いまや見る影もない。京都西陣であっても事情は同じ。関係者の方々は生き残りをかけて試行錯誤を重ねていらっしゃるのだろうが、かつての国策産業だったときのビジネスモデルから逃れられず、立ち行かなくなったのではないか、そんな気がする。「安く、はやく、たくさん」という価値観に囚われたまま生糸を生産する時代ではない。製糸工場を動かすには、大量の繭が必要だ。だが、高い人件費で養蚕をし、動力を使って糸を引いていては、安い輸入生糸に太刀打ちできない。

一方、個人の織り手や個性的なメーカーのなかには、そんな機械引きの生糸ではなく、手引きの風合いのある生糸を欲している人たちがいる。そういうニーズに合わせて手引きの生糸を引いたらどうか。大規模な製糸工場を維持するための原料供給養蚕農家ではない、自立した養

生繭を煮てほぐし、そこから生糸を手引きする

ないかと思う。

蚕農家の復活。あるいは、専業に固執しない地産地消の養蚕業の復活。——そんな可能性もあるのではないかと思う。

報告会の後で、かつて養蚕をやっていたという人に「もう一度、蚕を飼って手引きの糸を作ってみてはどうですか」と水を向けるようになった。たとえば、テレビを見る楽しみしかないという老人ホームのおばあちゃんに、昔と同じように手引きの糸の引いてもらう。おばあちゃん何人かを集めて、週に三回、半日でもいい。孫に渡す小遣い稼ぎだと思えばいい。ぼんやりテレビを見ているより、手を動かし、話をするほうがボケ防止にもなるはず。そういう生糸を必要としている織り手は必ずいるし、その生糸は輸入生糸より高い値段で売れるはず。量産する必要はない。少なくとも、質のいいものは必ず売れる。

わたしは、カンボジアの村々を回り、おばあたちの手のなかにあった暮らしの知恵を甦らせ、若い人たちがそれを継承できるしくみ作りを十五年近く続けてきた。それは、戦乱とその後の混乱のうちに途絶えかけていたカンボジアの絹織物の伝統を受け継ぎ、復興させるため。

だが、同じことが、今の日本にも当てはまるのではないか、そう考えるようになった。大量生産・大量消費のうちに、なんでもかんでも石油と電気に頼り、生きるための知恵、自然の恵みをかたちにすることを忘れてしまった日本。そろそろ方向転換を図る時期ではないだろうか。

そしてそれは、経験を持ったおばあたちの手のなかの知恵だけではない。各地に残っている古い織りの道具での糸や織物の生産も同じこと。その織り機でしか出せない風合い、その織屋《おりや》さんでしか出せない味がある。そこには、人の手が生み出した技術があり、知恵がある。廃業の危機にある、小さな機屋《はたや》を支えていくことも、暮らしの知恵の復興と再生に繋がるのだ。

同時に、そうした知恵を受け止める側の、若い人たちのことも気になっていた。

山村に入る若者たち

スタディツアーで「伝統の森」のゲストハウスに泊まり、ここでは夕方から夜九時すぎまでしか電気がない、と聞かされてびっくりする学生さんがいる。でも、一泊二泊してみて、「考えたこともなかったけれど、電気がなくても暮らしていけるんですね」と言って帰っていく。あって当たり前だと思っていた「電気のある暮らし」が、じつは当たり前ではなかったという現実に、おそらくはじめて直面したのだろう。そんなことも彼らにとっては、価値観の大きな転換になるのかもしれない。

ゲストハウスに泊まった方のなかには「日本でもこんな暮らしがしてみたい」という人もいる。現在の「伝統の森」の暮らしは、かなりの部分が自前でまかなえる。――村びとの食事の準備を考えてみよう。火力は薪、水は井戸から。野菜は家庭菜園、おかずは沼で捕まえた魚やカエル。卵を産むアヒルやニワトリも飼っている。買わなければならないのは、米と油、調味料くらいか。

岐阜の郡上市での報告会に招いてくれた若い人たちは、お金をできるだけ使わずに暮らしたいと話し合っていた。それぞれが仕事を持ちながら、畑もやっている。大豆がたくさん採れたので、「あそこのおばあちゃんは味噌作りが上手だから今度教えてもらおう」という具合だ。自給自足というスタイルにこだわるのではなく、できるだけ自分たちの手のなかで暮らしを組み立てようとしている。森林保全という観点から狩猟免許を取得して増えすぎたシカやイノシシを捕獲し、その肉でジビエのジャーキーを作り始めたグループもある。

国分寺市の報告会では、山梨県の芦川村で暮らす若者たちを紹介された。彼ら彼女らは、生まれ故郷ではない山村に入り、その土地のおじいやおばあから生きる知恵を学びながら、生活していこうとしていた。炭焼きの際に、竹筒に塩を詰めて焼き、それを販売するなど新たな工夫も考えている。

こうした若者たちを、支援するしくみを作れないものか、そんなことを考えていた。

かつて、農家は百姓と呼ばれていた。それは、自然を相手にさまざまな仕事をこなしつつ、暮らしていたからだ。米だけでなく、野菜も作り、養蚕をし、木工や竹細工もし、漬物なども作る。そうやって、身の回りのものを無駄なく使いまわしていった結果、たくさんの技術を身につけていた。自然の恵みを利用しての、自然との共存のかたちといえよう。炭焼きや味噌作りも、手引きの生糸も、そうしたたくさんの仕事のうちのひとつであった。

こうした仕事の成果を、たくさんの人たちと結べば、彼らも暮らしの糧となるはず。今なら、山奥の村にいても、いろいろな手段で情報発信も可能なのだから。

抜きん出た点を作る

点と面。わたしがＩＫＴＴを設立するにあたり意識していたのは、活動の主軸を「面」ではなく、すべてを集約させる「点」を作ること。――内戦のうちに途絶えかけていた、カンボジアの伝統織物を復元し活性化させるという課題を、限られた予算と人材、時間のなかで実現するには、タスクフォースのような機動性が必要だった。

ユネスコの調査で出会った人間国宝級の技を持つおばあたちの布が、仲買人に「ひと山いくら」のように買い叩かれていた。当然のことだが、織りの質は低下していく。内戦前に村で織られていた良質の伝統織物を甦らせるには、高度な技術と経験をもった彼女たちの協力が不可欠であった。その実現には、カンボジア伝統織物のひとつの頂点となるような工房を作ることだと考えた。それは、失敗も重ねながらの、タイでの十年ほどの経験のなかから学んだことだった。

——一九八四年、タイの農村で手織物プロジェクトを立ち上げるために、日本で支援母体としてのNGOを設立し、東北タイのローイエット県ソンホン村でプロジェクト実施に至った。しかし、村のなかで婦人たちの織物プロジェクトを始めるには、村の男たちの理解と同意が必要だった。そのため、青年グループの希望にあった村の入り口にある大きな池で養魚を始めたいという思いに協力し、稚魚を購入した。が、日本の支援団体からは「織物プロジェクトなのにどうして魚なのだ」と疑問が出された。それを説明し説得することを、電子メールどころかファクシミリもない状況で始めなければならなかった。

養魚プロジェクトを開始したことで、村の男たちとの信頼関係を築くことができた。それから約半年後、プロジェクトに好意的な地域の学校の先生たちにも助けられ、念願の織物プロジェクトは始動した。それまでの過程でのさまざまな交渉と調整は、当時の農村開発というコンセプトのなかで、面としての地域、村びと全体を対象にしたプロジェクトの持つ宿命ともいえる。加えて、郡役場や行政の理解を得るという、大変さも経験した。

その後、東北タイの村で活動するカソリック系NGOの日本人シスターからの依頼で始まったスリン県の村での織物プロジェクトは、村の婦人会との共同プロジェクトというかたちであったから、その婦人会全体の意見の調整と同意が必要となった。ときには彼女たちとの議論となり、譲らざるをえない場面も何度か経験した。たとえば、行政の地域振興策のひとつとして、伝統的な織り機よりも、速く織れるフライングシャトル式の織り機に関心が集まり、それを使いたいという意見が出された。わたし自身は伝統的な絣織物に、フライングシャトルでは限界があると感じていた。それでも、彼女たちの意見を尊重して、導入を決めた。しかし、半年もしないうちに、皆の関心は薄れていった。こうしたことは、意思の異なる不特定多数の人たちとの同意を得る、という事業の進め方の限界に思えた。

また、共働するNGOの方針転換に振り回されたこともあった。ときに国際機関でさえも、現場で必要とされることより、本部の思惑や予算がつきやすいほうに事業が移行する。それは、教育だったり、女性の自立支援であったり、AIDS対策だったり、と。それに応じて、一緒にやっていくはずだった担当者も入れ替わる――。

これから始めようとするカンボジアでは、同じ過ちを繰り返したくない。目的を達成するためには、面ではなく、抜きん出た良質の織物を生み出す「点」を作ることに特化する。小回りが効き、意思が伝わりやすく動きやすい点を作ること、それは高い目標に向かって、限られた予算や時間と人材を、最大限に活かす方法に思えた。別の言い方をすれば、やりたいことをやりたい人とやる。それは少数でいい。大人数で始めることに意味はない。少ないほうが、無駄な時間やお金を使わずに、結果を確実に出しやすい。やりたくない人を説得する時間は、無駄でしかない。

モデル村になる

良質の点をつくるという基本姿勢で進めてきたＩＫＴＴの活動も、すでに十八年が過ぎた。それは決して短い時間ではなかった。ＩＫＴＴ発足当時、まだ一部の地域では戦闘が続いていた。当時の一般の関心事は、今日を生き抜くことがすべてであったと思う。そんななか、失われかけていた良質のカンボジアの伝統織物を取り戻すことの意味を、わたしは自覚していた。それは、十年後二十年後に混乱が収まり、カンボジアの社会が安定してきたとき、これだけ精緻な伝統織物が消えていたとしたら残念としか言いようがなく、そのときになってから取り戻そうとしても、それは容易なことではないからだ。

伝統織物の伝承は、母から娘に、手から手へと伝えられてきた。マニュアルや紙に描かれた図案があるわけではない。それをわたしは「手の記憶」と呼ぶ。調査のなかで出会った、技術や経験を持った六十代七十代の織り手たちと復元の仕事を始めた。失われたジグソーパズルの一片一片を取り戻すような作業である。それは彼女たちの協力なしには進められなかった。

ある村の年配の女性は、藍の染め方を知っていた。しかし、彼女は藍を育て自分で作ることはできない。いくつもの村を回るうち、ようやく藍の木の育て方や泥藍の作り方を知っている年配の男性に出会えた。その彼も、すでに亡くなってしまった。もし、わたしが十八年前に彼から聞き取ったそのときの記録がなければ、カンボジアで古くから行われていた泥藍の作り方やその道具類の伝承は、確実に消えていた。彼は、カンボジアの藍染めの手の記憶を持つ、最後の人であった。

産地の村では、生糸の精練に苛性ソーダなどの化学薬品が普通に使われていた。だが、それ以前は何を使っていたのか。その記憶を持つおばあを探し、昔はバナナの灰を使っていたと知り、その作り方を

ここは人びとの暮らしと自然が一体となる場であってほしい

聞く。そんな伝統を掘り起こす作業の繰り返しであった。それは、伝統織物の担い手たちの記憶を取り戻す作業でもあった。

一九九六年から九九年までの、試行錯誤のなかでの「伝統の掘り起こし」の時代が、ＩＫＴＴの活動の第一期といえる。二〇〇〇年には、その掘り起こしのなかで得られた経験や知恵を、次の世代に伝える作業をシェムリアップで開始した。この「伝統の活性化」の活動が、ＩＫＴＴの第二期にあたる。

二〇〇二年、シェムリアップ郊外のアンコールトム郡ピアックスナエン地区に、縁あって土地を取得した。その地で新しく「伝統の森」事業と呼ぶ、新しいステージに向けた活動を開始した。それは、当初からの工房という核を生かしつつ、織物に必要な豊かな自然環境をも備えた人びとの暮らす村という、大きな「点」を作ることでもあった。

それまでの調査と活動のなかで、かつてカンボジアの村には豊かな自然環境が備わっていたことを知った。それを再生したかった。その目的に賛同してくれるカンボジア人たちを招聘した。養蚕の経験のあるカンポット州の村から、織りの産地のタケオ州から、村の専門家といえる人たちを、である。つまり「伝統の森」は職能集団の村でもある。加えて地元シェムリアップの、今日食べられるかどうかという貧しい村びとたちに、仕事を作り、働く場を提供し、伝統の知恵を学んでもらってきた。荒地の開墾から始め、桑の木を育て養蚕をし、綿花や藍の木などを植え、糸から染め材に至る染め織りの素材のすべてが、暮らしとともにある、優れた「点」を創出する仕事が始まった。——十年が過ぎた今では、約一五〇人が暮らす小さな村ができあがった。

そんな、ＩＫＴＴの「伝統の森」の村で作られた昔ながらの心がこもったすべて自然な素材で作られた手作りの布を、世界の布好きな人たちから、高く評価していただけるようになっている。ニューヨークのファッション業界の人たちから「トップ・オブ・ザ・ワールド」との称賛もいただいた。うれしいかぎりである。約二十年前に目指して、動き始めた高品質の伝統の布を生み出す「点」作りも、ひとつの頂点に達しつつある。

そして最近、カンボジアの文化芸術省の各州の担当官が五十名近く、「伝統の森」を訪れて、研修を持った。それは、文化芸術省として、これから各州の地域に根ざした伝統の文化村を作ろうという取り組みが決まり、そのモデル村としてＩＫＴＴの「伝統の森」が選ばれたからだという。とても光栄な出来事といえる。

ナチュラル・カラー・ハウス

一九八八年、バンコクで「バイマイ」という、自然染の布を売る店を始めたことはすでに述べた。八四年から、東北タイの村の織り手を相手に自然染の講習会を始めていたが、織り上げた布が売れなければ意味がない。リアリティのない技術指導に終わる。それでは、せっかくの技術は継続されずに消えてしまう。そこで、村で織り上げた布を自分で買い始めた。今でいえば、フェアトレード・ショップだろうか。布は少しずつ売れるようになった。

当時は、自然染についての理解や関心がない時代だった。バイマイの主な顧客は地元タイの女性たちで、自然染という能書きよりも、手織りの柔らかい風合いやその独特の優しい色に惹かれたようだ。店を始めたことで、日本の百貨店の方たちの目にとまり、問い合わせも入るようになった。とはいえ、手織りの布ゆえ、生産量は限られていた。

最初の注文は、ある有名な関西の衣料品メーカーからだった。そのブラウスが完売した。追加注文をいただいたが、初回のロットを担当した日系の縫製工場が難色を示した。当時、わたしのところでシルクの布を染める単位は二〇メートル。布は一枚一枚、手織りゆえに微妙に風合いが違う。そして草木の自然染。色のばらつきが微妙に出るため、量産システムの縫製工場泣かせだった。何十枚の布を重ねて一度に裁断機にかけることができず、布ごとの単品縫製に近い。手間がかかりすぎると敬遠され、追加の注文に応じることは適わなかった。

その後、他の百貨店から、ときにシーズンでのブラウス展開や、単品の小物などの注文をいただくようになった。バイマイとは別に、自然染の製造販売のナチュラル・カラー・ハウス（ＮＣＨ）という会社を興した。

それから数年、再びファッション系に強い百貨店から、シルクブラウスの問い合わせをいただいた。以前の経験を踏まえ、自分で日系の縫製工場に事情を説明し、引き受けてくれるところを探した。幸い協力先も見つかり、動き始めた。このとき、いくつかクリアすべき点があった。まず、発注単位が大きく、月に二〇〇〇メートルは必要だった。簡単に言えば、一日一〇〇メートル単位で染めなければならない。染色用のステンレスタンクを、二〇〇リットルから四〇〇リットルに変更した。重量は四〇〇キロになる。それまでのように、素手で染色タンクを動かすことは無理で危険に思えた。安全を考え、染め場の設備のレイアウトを改めた。タンクの移動用にチェーンリフトの導入を真剣に考えたこともある。

自然染の製品にとって、ネックとなるのが染色堅牢度だ。百貨店側でも事前に検査をした上での打診だったが、最初の納品前に、独自の堅牢度テストの結果の提出を求められた。京都の手描き友禅時代の知り合いを通じて、テストは京都市染織試験場（現在の京都市産業技術研究所）にお願いした。商品化の基準とされる三級をクリアし、四級という結果が出て、ほっと胸をなでおろした。

そして色味の安定。今回は、ココヤシを明礬媒染したベージュと、同じくココヤシの鉄媒染のグレー。そして、バナナの葉の明礬媒染のクリームの三色である。自然は常に変化している。たとえば、去年の四月と今年の四月は同じではない。熱帯モンスーンの雨季と乾季による変化も含め、同じ条件はないと考えたほうがいい。変化する自然の素材を使って、同じ色を染め続けることは、ときに困難を伴う。染め材の乾燥度によっても色は変わる。フレッシュな染め材のほうが鮮やかな色が出るが、その分不安定で、乾燥したものの方が季節の変化を受けにくい。しかし、乾燥させた染め材であっても、それを収穫した季節による違いが出るときもある。マニュアル化できない。それが自然の色なのだ。

そんな条件下、染め色のカラーサンプルを作り、それぞれの色のグラデーションのある幅のなかに収まっていれば合格という了解を得ることで、この仕事は動き始めた。

自然染の新たなアイデア

バイマイの店を始めてから、シルクの白生地の自然染を毎日のように行なうようになった。五年も経つころには、日々の染色サンプルのファイルが、染め材ごとに何冊にもなり、それまでの経験からある程度の色調整もできるようになった。

その一方で、季節の変化や土地の違い、使用する水の違いなどによる色味の変化は、ごく自然なことのように思えてきた。総量で何千メートルにもなる大量のシルクを毎日染めるうちに、変化する自然を受け入れることが大切なのだと理解した。ときに予想もしていなかった色に染まることがある。偶然の産物というか、意図して出そうとしても出せない色である。納品に使うことはできないが、幸い自分で小売の店をやっていたので、単品のブラウスなどに使える。面白いことに、そんな不思議な色が好きなお客さんがいる。そういう色は売れ足が速い。染め材の染め出し方にも、いろいろな発見があった。

さまざまな経験をするうち、シルクだけでなくコットンを染めてみようと思った。しかし、コットンの自然染はなかなか難しい。ある自然染色のテキストには、豆汁を使うと書かれていたが、それほどの効果はない。実際に染めるうちに、一般に流通しているコットンよりも、当時出回り始めたオーガニック・コットンのほうが、自然染との相性がいいことにも気づいた。すべては実践、経験のなかから生まれる。失敗もまた、次の成功を生み出してくれる。失敗を、失敗で終わらせてはならない。もちろん、それには強い意思を必要とするのだが。

そのころ、量産のための技術と設備のアイデアが生まれた。それは、バンコクにあった日系のニットメーカーから、シルクニットの試作のための染色を頼まれたことがきっかけだった。その工場を何度か訪ねるうちに、その工場にある当時の最新鋭の工業染色の設備も見る機会があった。その染色マシーンを見ながら、自然染への流用が可能な設備が思い浮かんだ。

当時、自宅の庭先に染め場はあった。仕事をしつつ、食事も作る。昼間は大量の染め材を煮て、夜は圧力鍋でカレーを作りもする。それがあるときつながり、ひらめいた。――ニット工場の設備を使い量産化できれば、色落ちしない自然染のTシャツやブラウスが、適正な価格で提供できるようになるはず。でも、量産するにはそれなりの設備投資も必要で、個人ではとても無理だった。それは、将来の夢、楽しみとしておこうと思った。

それから二十年が過ぎた。普段使いできる価格で提供可能な、自然染の木綿の布の量産の夢を実現する機会が到来した。それが無印良品の人たちとの出会いであった。

もうひとつの美

無印良品の資材調達を行なうMGS（ムジ・グローバル・ソーシング）代表の達富一也氏に会ったのは、二〇一一年六月のこと。それは不思議な縁と、タイミングの出来事だった。

＊＊＊

シェムリアップにIKTTを移転し、工房を開設してはや十二年、「伝統の森」の再生に取り組みはじめて十年になっていた。IKTTの日常的な運営に関しては、わたしがいちいち指示を出さなくても順調に動くようになった。――来客がなければ、タバコを吸い、コーヒーを飲んでいるだけでいい、ある意味ではしあわせなときが送れるようになったともいえる。だが、その状況に、わたしは早くも飽き始めていたようだ。彼らに会ったのは、ちょうどそんなときだった。

プノンペンのホテルで、達富氏たちと半日近く話し込んだ。そんな時間が取れたのも偶然のこと。彼らと話をするうちに、わたしのなかの新しい事業への関心が具体的に見えてきた。それは、一枚の布を生み出すのに一年以上の時間と手間をかけるカンボジアの絹織物という伝統工芸の世界とは別の、もうひとつの美の世界。日常生活のなかで普通に使える製品を高品質な自然染で実現するという「日常生活のなかの美」というべきものであった。それを提供できるようになればという思いがわたしのなかに、約三十年の自然染の日々のなかに潜んでいた。そのためには、染め材の選定や染色堅牢度の向上、制作コストを抑える工夫、そして何よりも機械による量産化を可能にする技術的なことなど、いくつもの条件をクリアしなければならない。しかし、それを実現させるときがきたと思えた。

わたしは達富氏に、色落ちしない自然染のコットン製品を量産する話をした。はじめは半信半疑の様子、彼もまた簡単に色落ちするのが自然染料の特徴だと理解していた。製品には「草木染なので色落ちします」とのデメリット表示をつけるのが業界の常識であったのだから。また、自然染は、それまで手染めの世界でしか行なわれていなかったから、機械での量産化は想像できなかったのだと思う。

しかし、わたしにはタイでの経験がすでにあり、いわば二十年は温めてきた構想、裏づける技術的な根拠もある。カンボジアでの二十年で、村を回り、織り手たちと出会うことで、自然染の知恵はより深く進化している。さらに、「伝統の森」で綿花を栽培し、藍染めを始めたことで、コットンを染める際の知恵も身につけている。

論より証拠。その後、彼らが「伝統の森」まで足を運び、染色を体験し、実感していただいたことで、話は前に進み始めた。

MUJIとのコラボレーション

最新鋭の染色マシーンに心を注ぐ、そうすると機械はそれに答えてくれる。そのことで、機械は人の手の延長である道具に変身する。

数年前、愛知県の尾州の毛織物業界の方から招かれ、お話をさせていただいたことがある。依頼を受けたとき、繊維業界は不況だからといってわたしのカンボジアでのわずかな経験が皆さんのお役にたつものかと、いささか不安があった。ところが、会場に着いてそんな不安は一掃された。なぜなら、眼をきらきらさせたおじさんたちが、何人もそこに座っておられたからだ。そしてわたしが「自然の染料は急いで染めると、急いで落ちる。しかし、ゆっくりと染めた色はいつまでもある」と話したら、そうだそうだと、何人かの方の声が返ってきた。

じつは織物の機械も同じで、スペックいっぱいにフルに回すと嫌がるんだ、ゆっくり回してやると機械は喜んで、いい織物を織ってくれるんだ、という答えが返ってきた。仕事に心を込めた、職人の世界である。機械を使いながら、機械に振り回されるのではなく、機械をいたわり、大切に道具として使う人たちなのだと、そのとき理解した。それは、マニュアルにはない世界である。

そして、わたしの持論、「伝統は守るものではなく、創るものなのだ」。その話のところで、皆の眼がいっそう輝き、同意のうなずきを得た。江戸時代、尾州は綿花の生産地で桟留縞《さんとめじま》が特産として広く知られた。明治に入り、輸入綿糸によって競争の激化した綿織物から羊毛織物に転換し、時代の先端となり

括って染める、その地道な繰り返しが精緻な柄を生む

隆盛してきた歴史を持つ。現在では、車用のシート素材などの特殊な繊維の開発からその製造までを手がけている。時代の変化に対応しながら、常に新しい製品開発を進めてこられた方たちだから、眼の輝きが違った。

＊＊＊

無印良品の繊維関連の製品作りの多くは、中国の上海周辺で行われている。その現場を訪ねた。そこには十数台のドイツ製の最新鋭といえるコンピュータ制御の染色マシーンが設置されていた。忙しそうに働く現場の人たち。もちろんそこで使われる染料は、化学染料。しかし、このマシーンを、心を込めて自然染のマシーンに変えていきたいと思った。

それから約一年、何度も上海に通った。製品の最初のトライアルは、エジプト産のオーガニック・コットンによる「天然染タオル」に決まった。しかし、使えると思っていた設備が、それほどの効果を示さない。そのため現場の人たちの知恵もいただきながら、新しい機能と改良を加えた。それは、量産化のための試行錯誤の連続ともいえる。現場では、ときに作業が深夜に及ぶことも何度かあった。毎日の生活のなかで使える自然染のタオル、その実現のために。

無印良品の方たちの、良質な商品を適正な価格で提供したいという思い。上海の現場で、近代的な染色設備を実際に使ってきた人たちの経験と知恵。そして、わたしがカンボジアで、東南アジアで会得した、自然染の伝統の知恵。その三者によるコラボレーション。何よりも、「天然染タオル」を実現させたいという無印良品の方々の強い決意が、実際に動き出すための力になった。

いくつもの染め材のなかから、最終的に選ばれたのは、バラの茎、ココヤシの中果皮、そしてウォールナットの端材だった。赤味がかったベージュは、海南島から届いたココヤシの中果皮の明礬媒染。グレーは、青島の家具工場から届いたウォールナット端材の明礬媒染。わたしもそれぞれの現場を訪ねた。薄い緑がかったグレーは、新圳そして雲南の生花市場から届いた、切り落とされたバラの茎の明礬媒染である。それは、中国の無印良品で働く方たちの熱意と機動力のお陰でもあった。捨てられる運命にある素材が、美しい色とともに甦る。本当に「ゴミを宝に換える」プロジェクト。そしてなによりも、身体によく、自然環境にも負荷がない。

失われつつある「手の記憶」を取り戻す

無印良品の人たちと、世界各地の染め織りの現場を訪れる機会を得た。インドでは、自然染に取り組む人たちにも会った。なぜか、その多くはドクターの肩書きを持つ研究者である。

インドは、織物の世界のワンダーランドである。すべての織物の起源があるといっても言い過ぎではないほどに、何千年の深い織物の伝統がそこにある。しかし、素晴らしい織物の伝統のあるインドで、自然染の世界はなぜか失われている。昔、インドは天然の藍染めの宝庫だった。しかし、インディゴ・ピュアが出現し、その便利さの前にかつての英知が消えていった。失われた伝承、手の記憶を取り戻そうと研究するドクターたち。しかし、ラボラトリーの限界か、色素の分析はできても、色落ちしない自然染の量産はできないでいた。

インドには繊維省があり、繊維大臣がいる。欧米向けの衣料品生産は、国策となるほどの一大産業なのだ。環境負荷の高い化学染料の使用については、ヨーロッパの規制強化にも対応しなくてはならない。といっても、自然染の量産化は実現できずにいる。その一方で、化学染料で染めたものをその液につけると、自然染料で染めたものと同じ検査結果になる、そんな不思議な液すら市場に出回っている。さすが、ワンダーランド。

自然染料の素材は、赤い色を染めるラックカイガラムシに始まりインドアカネなど、インドの北から南まで異なる気候風土に由来し、まさに宝庫ともいえるほど。しかし、近代化のなかで化学染料が主流となり、それらを活かす伝統は途絶えてしまった。実際のところ、二世代にわたる断絶があると、実際のノウハウ、手の記憶は消えてしまう。加えてインドの場合、染めの現場はローカーストの人たちが担っていた。藍染めが盛んだった南部インドでは、下層のムスリムの人たちの仕事として伝承されていたようだ。カーストというインド特有の社会構造が、手の記憶が失われていくことを加速したのかもしれない。

ラオスでは、有名な藍染工房を訪ねた。伝統の藍染めが、今では色落ちするという。その藍建ての準備工程を実際に説明してもらう。醗酵させるときには、昔と同じようにお酒も入れている。が、使っていたのは、泡盛のような透明な蒸留酒。もともとは、どぶろくのような米の籾殻も入った発酵酒だったはずである。その籾殻についている菌が、藍の醗酵を手助けしていた。だが、酒を入れるという伝承だけが残り、そうすることの理由はいつの間にかこぼれ落ちていた。そして、藍染めの村の藍は、色落ちする藍になってしまった。

経糸を整えるその指先が、新たな時代を作っていく

布を生み出す英知、――世界各地で、それぞれの気候風土のなかで、自然繊維から自然染料までさまざまなかたちで利用する知恵が育まれてきた。そして、自然のなかで暮らす人たちのそのノウハウは、母から娘へと伝承されてきた。そんな、無数の手の記憶の世界が、このわずか一〇〇年ほどの「近代化」のなかで失われている。それを、もう一度取り戻す、そんな試みが必要な時代になってきた

ように思う。それが、これからの一〇〇年ではないだろうか。
今ならまだ間に合う。遅くはない。

あとがき

十五年前、プノンペンからバンコクに向かう飛行機の中で突然ひらめいた「伝統の森」の構想。それは、その時点では〝妄想〟だったかもしれない。

しかし、すべてはそこから始まった。

妄想が生まれたその裏には、じつはいくつもの出会いが重なっている。——一九八三年、東北タイの村に暮らすクメールスリンと呼ばれる人たちが織っていた伝統織物に出会った。木造高床式家屋の階下に置かれた織り機で、黄色い生糸を使って織っていた。周囲を見わたすと、村の子どもたちや家族の暮らしが見えてきた。まわりには、鶏や犬が、そして牛が。そこから目を上げれば、遠くにはヤシの木や畑が見えた。それは、クメールスリンの人たちの暮らしのなかに息づく、織物を生み出す原風景との出会いだったともいえる。さらには一九九四年からの、カンボジア各地を訪ねての、村の織り手たちとの出会いがあった。内戦前には養蚕をやっていたという村や、伝統の手織物を織る村々を訪ねるうちに、わたしのなかでその原風景は、よりはっきりとその姿を現しはじめた。

プロフー（フクギ）やベニノキ、そしてインディゴ（藍）など、自然染色に使う植物や、綿花と桑、蚕、繭そして生糸。それらはすべて自然からの恵みである。いつしかわたしは、豊かな自然環境が豊かな伝統の織物を生み出す背景にあるということを学んだ。

しかし、カンボジア内戦とその後の混乱のなかで、そんな豊かな自然環境は失われようとしていた。すばらしいカンボジアの織物の伝統と、その織り手たちとの出会いを経て、やがて、その復興と活性化は、豊かな自然環境を再生することなくして実現できないと理解するに至った。そうしたことが、「伝統の森」誕生の背景にはある。そして不思議な縁があり、二〇〇二年八月、現在のアンコールトム郡ピアックスナエンの土地にめぐり会った。

それから十二年が過ぎた。

二〇一四年十二月の現時点で振り返ると、あのとき機内で書き留めたメモに始まった〝妄想〟は、確信から信念、そして現実となり、今やそのほぼ八割は実現できているように思う。――いつの間にか、三十五年前にバンコクの博物館で出会ったクメールの絣布と同じような布を生み出せるだけの、自然とともにある村をつくり、そこにカンボジアの人たちと暮らすようになっていた。それは、とても幸せなこと。それは、多くの人たちとの出会いと、そこで理解し合えたお互いの心によって可能となった。ほんとうに、ありがとうございます。今となっては、その一言につきる。あらためてここに感謝の言葉を記させていただきます。

そして、未完の仕事。それは「伝統の森」での、さらなる夢。これまで長い時間をかけて集めてきたカンボジアの古い布や美しい織りの道具類を常設展示できるミュージアムを作ること。これは小さくてもいい。カンボジア伝統の宝物を、次の世代に伝えていきたい。

また、現在のディーゼルで行なっている「伝統の森」での自家発電を、自然エネルギー発電に転換し、揚水を兼ねた昔ながらの水車も設置したい。それらは、まだ時間を必要とするかもしれないが、いずれ実現させたいと願っている。

三十年を超える年月を、わたしはインドシナ原産の黄色い生糸と、その織物とともに過ごしてきた。シルクといえば、すべて同じだと思われる昨今。だが、量産と効率化のなかで品種改良され続けてきた白い大きな繭をつくる蚕の糸と、昔ながらの小さな黄色い繭をつくる蚕が吐く糸は、質が違う。そして、手で引かれた生糸と、機械で引かれた生糸とでは、その風合いは根本的に違う。化学染料ではなく、自然の染料で染めた布の美しさも明らかに違う。それらの違いを、人の手だけで作り上げた布のぬくもりを、わたしたちＩＫＴＴが織り上げた布に触って実感していただけるようになってきた。

数年前、いまは亡きノロドム・シハヌーク元国王から、手書きの感謝状をいただいた。それは、ほんとうにうれしく、光栄な出来事。そして、「蚕まつり」のときに、ノロドム・モニニエット・シハヌーク王母とシハヌーク元国王から、とてもていねいな感謝状とともにドネーションを賜った。その感謝状を読みながら、約二十年にわたるカンボジアでの仕事が、ある地平にたどりつけたことを実感していた。モニニエット王母の代理としてシェムリアップまでお越しいただいたプリンセスからは、シハヌーク元国王が、「モリモトは日本人ではなく、クメール人だ」と何度も口にされているとうかがった。それは、わたしにとって身に余る光栄である。

つい先日、カンボジア商務省が主催するセミナーに招かれた。わたしに与えられたテーマは、「カンボジアにおけるシルクの歴史」である。その運営に携わるカンボジア工芸家協会（Artisans Association of Cambodia）のメンバーから、セミナーには、カンボジアの手工芸品にかかわる若いＮＧＯ関係者たちが出席すると聞いて、わたしは一〇〇年近く前にカンボジアで織られた絣布を持参した。セミナー参加者たちはその古布を手にし、ある者は身にまとっていた。そのとき初めて、カンボジアにすばらしい布が存在していたことを知った者もいたようだ。しかし、このひとときの経験は、彼ら彼女らの今後の活動に誇りと希望を与え、新しい一歩を踏み出す助けになると信じている。

＊＊＊

最近、「森本さんの後継者は……」と尋ねられる機会が多くなった。しかし、すでに十年以上ＩＫＴＴで働いている人たちが、一〇〇人を超えていること。そしてその彼ら彼女らが、すでに自分たちの判断で日常業務をこなせるようになり、ＩＫＴＴは自立した運営を行なえるようになっている。それゆえ、わたしは、ＩＫＴＴの将来について、必要以上の心配はしていない。

わたし自身のこれからの仕事は、これまでの自然染色の経験と知恵を活かした、新しい事業を、新しい出会いのなかで展開することだと思っている。たとえば、自然の素材だけで作る白髪染めであったり、古くから日本にあった作業着「たつけ」の復活であったり。それは、まだこれからの、あらたな妄想の世界。それはどこまで行けるのか、未知の世界でもある。しかし、行けるところまで進んで行きたいと願っている。

そして、これまで多くの学びの機会を与えていただいた方々。わたしたちＩＫＴＴを見守り、励まし、支えてきていただいた方々。そのすべてのみなさまに、あらためて感謝の心を、ここに留めさせていただきたいと思います。

最後に、本書ができあがるまでにさまざまな協力をいただいた西川潤さんに、深く感謝いたします。

また、出版の機会と、数年にわたる時間の猶予をいただいた白水社に深くお礼申し上げます。

二〇一四年十二月　シェムリアップ「伝統の森」にて

森本喜久男

本書の著者である森本喜久男は、治療のため日本に一時帰国中の二〇一七年七月三日、享年七〇で永眠いたしました。ここに心から哀悼の意を表すとともに、謹んでお知らせ申し上げます。

なお、ＩＫＴＴならびに「伝統の森」は、森本の遺志を継ぐ者たちによって、現在も活動を継続しております。

ＩＫＴＴ（クメール伝統織物研究所）

IKTT（クメール伝統織物研究所）について

住所　　：No.472, Viheachen Village, Svaydongkum Commune,
　　　　　P.O.Box 9349, Siem Reap Angkor, Kingdom of Cambodia
e-mail　：iktt.info@gmail.com
URL　　：http://www.iktt.org/
Facebook：https://www.facebook.com/iktt.kh/
Instagram：https://www.instagram.com/iktt_official/

＊「伝統の森」のさらなる発展のために、IKTTでは《桑の木基金》を受け付けています。
＊ IKTTの活動の詳細、ならびに《桑の木基金》については、上記URLのウェブサイトをご覧ください（QRコードからもアクセスできます）。

IKTTは、1996年1月に森本喜久男によってカンボジアのNGO “Institute for Khmer Traditional Textiles” として設立されましたが、その後、公的機関ではない団体がInstituteを使うことは望ましくないという当局からの指導もあり、IKTTという通称を残すかたちで名称変更を行ないました。現在はInnovation of Khmer Traditional Textiles organizationとしてNGO登録しています。

なお、本書では、執筆当時のInstitute for Khmer Traditional Textilesのままとし、日本語では、設立当初からのクメール伝統織物研究所としています。

森本喜久男とIKTTのあゆみ

1971年		京都の手描き友禅の工房に弟子入り
1975年		独立して、手描き友禅工房（森本染芸）を主宰
1980年	3月	初めてのタイで、クローントゥーイ・スラムに滞在。バンコクの国立博物館でカンボジアの絣布に出会う
1983年	1月	ウボン難民キャンプの織物学校のボランティアとして、タイへ渡る
1984年	8月	NGO「手織物をとおしてタイ農村とつながる500人の会」の現地駐在員として再びタイへ
1988年		バンコクで、草木染シルクの店「バイマイ」を始める
1990年		テキスタイル・ミュージアムの調査に協力し、東北タイにおける草木染に関するレポートを作成
1992年	10月	キング・モンクット工科大学のテキスタイルデザイン科の講師となる
1995年	1-3月	カンボジア・ユネスコの手織物プロジェクトのコンサルタントとして現地調査を実施
	7月	タコー村で、伝統的養蚕の復興プロジェクトを開始
1996年	1月	IKTT（クメール伝統織物研究所）設立
	3月	国際交流基金アジアセンター主催の、アジア各地の織りの担い手たちとのワークショップに参加
1997年	2月	プノムスロックで、UNDP主催の自然染色の講習会を実施
	6月	HRI生活文化フォーラムin香港で、カンボジアの伝統織物の現状について報告
1998年	4月	『メコンにまかせ』を上梓
	4月	横浜高島屋にて「カンボジア・クメール伝統織物展」を開催
	11月	京都・法然院にて「カンボジア・心と技の織物展」を開催
1999年	8月	「桑の木基金」を設立、バッタンバンで桑の苗木を準備
2000年	1月	IKTTをシェムリアップに移転し、工房を開設
	11月	沖縄県南風原町「アジア絣ロードまつり」に参加
2002年	7月	ピアックスナエンに約5haの土地を取得
	9月	ノーサンプトンで開催されたTSAのシンポジウムで、カンボジアの現状について報告
2003年	2月	ピアックスナエンの土地の開墾に着手、「伝統の森」とする
	9月	「伝統の森」で蚕供養を始める
	10月	福岡市美術館「カンボジアの染織」展で、講演とワークショップを行なう
	12月	「ホール（絣）：クメールとチャム、2つの美の融合」と題する学術セミナーをCKSと共催

2004年　1月　第2回アンコール・シルクフェアで、展示と実演を行なう
9月　ロレックス賞（第11回）受賞。パリでの授賞式に出席
10月　文化芸術省より、賞状を授与される
11月　「森本喜久男・ロレックス賞受賞記念講演会」で講演
12月　第3回アンコール・シルクフェアで、展示と実演、ファッションショーに参加
2005年　3月　大阪国際交流センター「フェアトレードフェスタ」で講演
12月　アンコール・プロダクツフェア2005で、展示と実演、ファッションショーに参加
2007年　2月　第4回アンコール・シルクフェアで、展示と実演、ファッションショーに参加
5月　ノロドム・シハモニ国王への接見の栄誉を賜る
2008年　1月　『カンボジア絹絣の世界』を上梓
1月　『Bayon Moon』を私家版として上梓
9月　「伝統の森」にて「蚕まつり2008」を開催（前夜祭としてファッションショーをはじめて実施）
2009年 10月　バンクーバーで開催されたマイワ・テキスタイル・シンポジウム2009で、レクチャーとワークショップを行なう
11月　南風原町で開催された「アジア・沖縄 織りの手技」展で講演
2010年 11月　社会貢献支援財団より社会貢献者表彰を受ける
2011年　5月　クメール語の冊子『森の知恵 The Wisdom from the forest』を上梓
2012年　3月　クアラルンプールで開催されたワールド・テキスタイル・シンポジウム2012で講演
7月　大同生命国際文化基金より大同生命地域研究特別賞を受ける
9月　無印良品有楽町ATELIER MUJIで開催された「天然染“未来に向けた羅針盤づくり”」展において講演
9月　クチンで開催された自然染色に関するシンポジウムと、持続可能な繊維素材に関するフォーラムに参加
2013年 10月　台湾の北師美術館の當代工藝展《初心・頂真》に参加
11月　コーンケンで開催されたメコン・シルクロードに関するセミナーでインドシナ在来種の蚕について報告
2014年　7月　外務大臣表彰（平成26年度）を受ける
11月　ソロプチミスト日本財団より社会貢献賞を受ける
12月　プノンペンで開催された商業省のセミナーで「カンボジアにおけるシルクの歴史」について講演

参考文献・関連資料

石井米雄、吉川利治『日・タイ交流六〇〇年史』講談社（1987）
石澤良昭『アンコール・王たちの物語――碑文・発掘成果から読み解く』NHKブックス（2005）
ウィリアム・ウォレン（吉川勇一訳）『失踪――マラヤ山中に消えたタイ・シルク王』第三書館（1986）
尾本恵市ほか編『海のアジア〈3〉島とひとのダイナミズム』岩波書店（2001）
京都大学東南アジア研究センター編『事典東南アジア――風土・生態・環境』弘文堂（1997）
周達観（和田久徳訳註）『真臘風土記――アンコール期のカンボジア』平凡社（1989）
ジャン・デルヴェール（及川浩吉訳）『カンボジアの農民――自然・社会・文化』風響社（2003）
高橋良一『ラック介殻虫』日本シェラック工業株式会社（1949）
田中淳夫『森林からのニッポン再生』平凡社（2007）
日本タイ協会編『タイ事典』めこん（2009）
農林省熱帯農業研究センター『熱帯の有用作物』農林統計協会（1974）
佛印経済部総合統計課編『佛印統計書』國際日本協會（1942）
星野龍夫、田村仁『濁流と満月――タイ民族史への招待』弘文堂（1990）
桃木至朗、重枝豊、樋口英夫『チャンパ――歴史・末裔・建築』めこん（1999）
森本喜久男「カンボジアに於ける絹織物の製造と市場の現況」カンボジア・ユネスコ（1996）
森本喜久男『メコンにまかせ――東北タイ・カンボジアの村から』第一書林（1998）
森本喜久男『カンボジア絹絣の世界――アンコールの森によみがえる村』NHKブックス（2008）
渡辺弘之『東南アジア林産物20の謎』築地書館（1993）
渡辺弘之『熱帯林の保全と非木材林産物――森を生かす知恵を探る』京都大学学術出版会（2002）
渡部忠世編著『モンスーン・アジアの村を歩く――市民流フィールドワークのすすめ』（2000）
『織の海道 vol.05 アジアへ、カンボジア』NPO法人織の海道実行委員会（2013）
『カンボジアの染織』福岡市美術館（2003）
『季刊民族学』112号、千里文化財団（2005）
『平山郁夫コレクション　絣に見るシルクロード』サントリー美術館（1993）
『別冊宝島WT①ベトナム沸騰読本――ベトナムの息づかいをわしづかみ！』宝島社（1995）

Bernard Dupaigne, "Répartition des Tissages Traditionnels au Cambodge", *Asie du Sud-Est et Monde Insulindien* XI, 1980
Bernard Dupaigne, "L'élevage des vers à soie au Cambodge", *Asie du Sud-Est et Monde Insulindien* XV, 1984

Gillian Green, *Traditional Textiles of Cambodia*, River Books, 2004
Lisa McQuail, *Treasures of Two Nations*, Asian Cultural History Program Smithsonian Institution, 1997
Mattiebelle Gittinger & H. Leedom Lefferts, Jr., *Textiles and the Tai Experience in Southeast Asia*, the Textiles Musium, 1992
Morimoto Kikuo, *Bayon Moon — Reviving Cambodia's Textile Traditions*, IKTT, 2008
Hol" the art of cambodian textiles — a blending of two esthetics: the Khmer and Cham senses —, IKTT and CKS, 2003

****

追補：2015年以降に発行された関連資料

内藤順司『いのちの樹——ＩＫＴＴ森本喜久男 カンボジア伝統織物の世界』主婦の友社（2015）
森本喜久男・高世仁『自由に生きていいんだよ——お金にしばられずに生きる“奇跡の村”へようこそ』旬報社（2017）

Keith Recker, *True Colors—World Masters of Natural Dyes and Pigments*, Thrums Books, 2019
Morimoto Kikuo, "Silk Production and Marketing in Cambodia in 1995—A Research Report for the Revival of Traditional Silk Weaving Project, UNESCO Cambodia." Edited by Louise Allison Cort. *The Textile Museum Journal* vol.46: pp.96-125. 2019

著者略歴

森本喜久男（もりもと きくお）

IKTT（Institute for Khmer Traditional Textiles クメール伝統織物研究所）代表。1948年京都に生まれる。1996年にカンボジアの現地NGOとしてIKTTをプノンペン郊外のタクマウ市に設立し、内戦下で途絶えかけていたカンボジア伝統の絹織物の復興に取り組む。2000年、IKTTをシェムリアップに移転し工房を開設、研修生を受け入れ技術の継承に努める。2002年、シェムリアップ州アンコールトム郡に土地を取得し、2003年から「伝統の森・再生計画」に着手。荒れ地を開墾し、畑をつくり、木々を植え、織物制作に必要な自然素材を自給自足できる工芸村を実現させた。現在「伝統の森」には約150人が暮らす。
著書に『メコンにまかせ　東北タイ・カンボジアの村から』（第一書林）、『カンボジア絹絣の世界　アンコールの森によみがえる村』（日本放送出版協会）など。2004年に第11回ロレックス賞受賞、2010年に社会貢献支援財団より社会貢献者表彰、2012年に大同生命地域研究特別賞、2014年に外務大臣表彰およびソロプチミスト日本財団より社会貢献賞。

※略歴は第1刷刊行時のデータです。

カンボジアに村をつくった日本人
世界から注目される自然環境再生プロジェクト

第1刷発行　2015年 2月 25日
第4刷発行　2020年 3月 30日
著者 © 森本喜久男
発行者　及川直志
印刷所　株式会社三秀舎
製本所　加瀬製本
発行所　株式会社白水社
〒101-0052 東京都千代田区神田小川町3の24
電話 03-3291-7811（営業部），7821（編集部）
振替　00190-5-33228
www.hakusuisha.co.jp
乱丁・落丁本は、送料小社負担にてお取り替えいたします。

ISBN978-4-560-08418-2
Printed in Japan

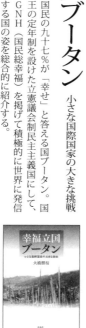

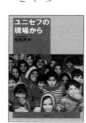